Probing into Ocean Depths

探秘海底

李学伦◎主编

文稿编撰/李鹏 魏帅

图片统筹/陈龙

中国海洋大学出版社

·青岛·

畅游海洋科普丛书

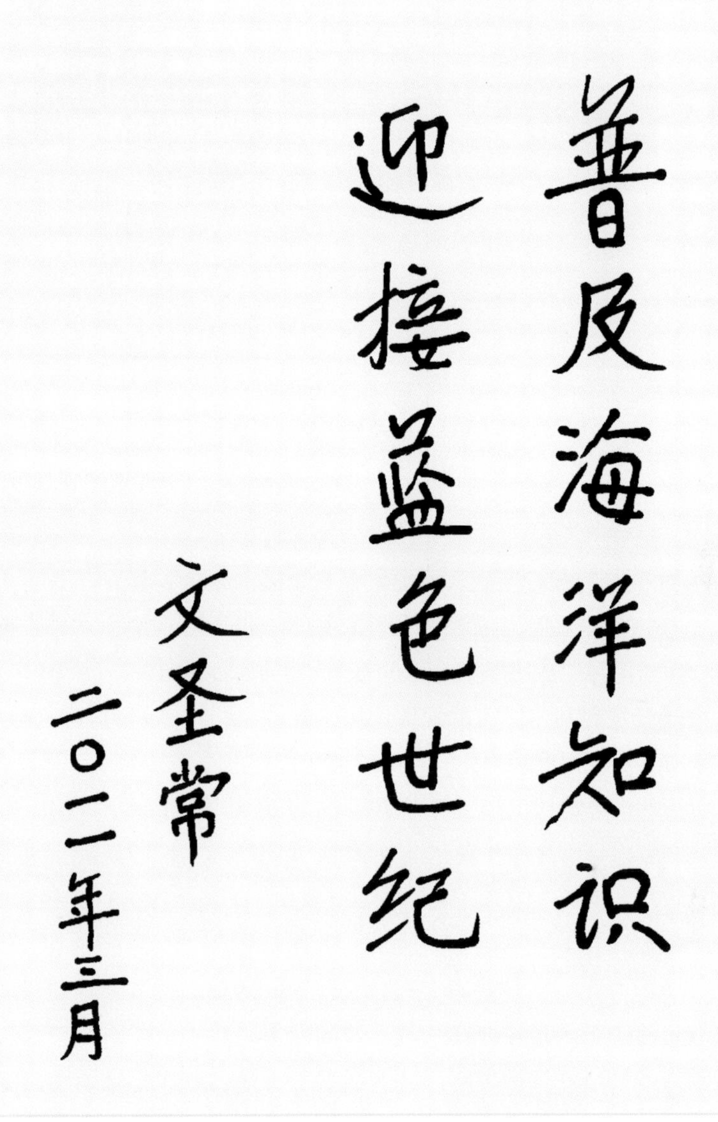

中国科学院资深院士、著名物理海洋学家文圣常先生题词

畅游蔚蓝海洋　共创美好未来

——出版者的话

海洋，生命的摇篮，人类生存与发展的希望；她，孕育着经济的繁荣，见证着社会的发展，承载着人类的文明。步入21世纪，“开发海洋、利用海洋、保护海洋”成为响遍全球的号角和声势浩大的行动，中国——一个有着悠久海洋开发和利用历史的濒海大国，正在致力于走进世界海洋强国之列。在“十二五”规划开局之年，在唱响蓝色经济的今天，为了引导读者，特别是广大青少年更好地认识和了解海洋、增强利用和保护海洋的意识，鼓励更多的海洋爱好者投身于海洋开发和科教事业，以海洋类图书为出版特色的中国海洋大学出版社，依托中国海洋大学的学科和人才优势，倾力打造并推出这套“畅游海洋科普丛书”。

中国海洋大学是我国“211工程”和“985工程”重点建设高校之一，不仅肩负着为祖国培养海洋科教人才的使命，也担负着海洋科学普及教育的重任。为了打造好“畅游海洋科普丛书”，知名海洋学家、中国海洋大学校长吴德星教授担任丛书总主编；著名海洋学家文圣常院士、管华诗院士、冯士筰院士和著名海洋管理专家王曙光教授欣然担任丛书顾问；丛书各册的主编均为相关学科的专家、学者。他们以强烈的社会责任感、严谨的科学精神、朴实又不失优美的文笔编撰了丛书。

作为海洋知识的科普读物，本套丛书具有如下两个极其鲜明的特点。

丰富宏阔的内容

丛书共10个分册，以海洋学科最新研究成果及翔实的资料为基础，从不同视角，多侧面、多层次、全方位介绍了海洋各领域的基础知识，向读者朋友们呈现了一幅宏阔的海洋画卷。《初识海洋》引你进入海洋，形成关于海洋的初步印象；《海洋生物》《探秘海底》让你尽情领略海洋资源的丰饶；《壮美极地》向你展示极地的雄姿；《海战风云》《航海探险》《船舶胜览》为你历数古今著名海上战事、航海探险人物、船舶与人类发展的关系；《奇异海岛》《魅力港城》向你尽显海岛的奇异与港城的魅力；《海洋科教》则向你呈现人类认识海洋、探索海洋历程中作出重大贡献的人物、机构及世界重大科考成果。

新颖独特的编创

本丛书以简约的文字配以大量精美的图片，图文相辅相成，使读者朋友在阅读文字的同时有一种视觉享受，如身临其境，在“畅游”的愉悦中了解海洋……

海之魅力，在于有容；蓝色经济、蓝色情怀、蓝色的梦！这套丛书承载了海洋学家和海洋工作者们对海洋的认知和诠释、对读者朋友的期望和祝愿。

我们深知，好书是用心做出来的。当我们把这套凝聚着策划者之心、组织者之心、编撰者之心、设计者之心、编辑者之心等多颗虔诚之心的“畅游海洋科普丛书”呈献给读者朋友们的时候，我们有些许忐忑，但更有几许期待。我们希望这套丛书能给那些向往大海、热爱大海的人们以惊喜和收获，希望能对我国的海洋科普事业作出一点贡献。

愿读者朋友们喜爱“畅游海洋科普丛书”，在海洋领域里大有作为！

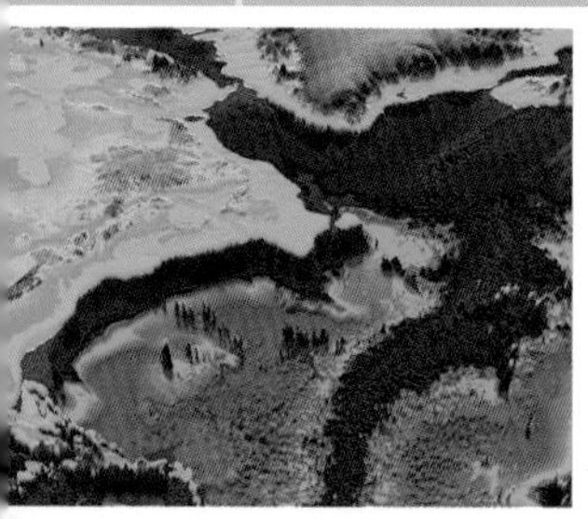

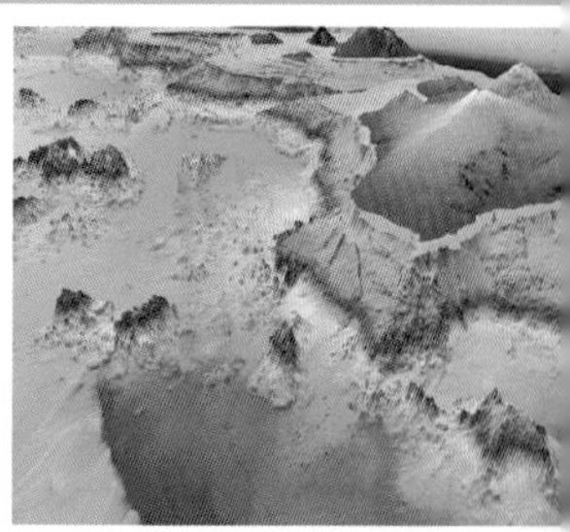

前言 PREFACE

海洋，自古以来一直源源不断地为人类提供着生存的条件和宝贵的资源；人类在享受海洋恩惠的同时，也从来没有停止过对它的探寻和求索。海底的蓝色面纱下究竟隐藏着怎样的秘境?

曾几何时，眼见鱼儿潜入水中，我们只能艳羡；耳听东海龙宫的传说，我们只有兴叹。而如今，海底探秘已不再是梦，随着新设备的不断涌现和探测技术的迅速发展，人类能够更加深刻地认识海洋、更加广泛地开发海洋，人与海洋的和谐发展也更加前程似锦。

翻开《探秘海底》，展现在你眼前的是神秘的海底世界：海底形貌，海底空间……梦幻般浪漫神秘；沉船宝藏，海底古城……传奇般令人惊叹；熙攘鱼群，花样海葵……春天般生机勃勃；石油、天然气、多金属结核……黄金般珍贵富饶；海洋考古，海洋科考……书卷

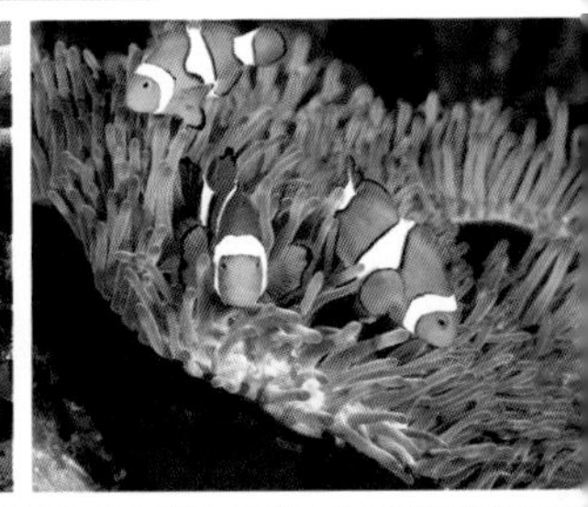

般沉稳厚重。海底世界的奥妙与神奇、现象和本质、过去和未来都将在这里娓娓道来，从中你可领略海底的五彩缤纷，了解人类迈向海洋、探索海底秘境的伟大进展！

让我们一起探秘海底吧，共同感受那份来自深海的浪漫情怀！

目
录
CONTENTS

目录 CONTENTS

海洋考古

Marine Archaeology

沧桑变迁和火山地震，埋葬了许多文明发达的城镇；风暴波涛和战火硝烟，吞噬了无数的船舶。这些被湮没的宝藏，见证了人类文明的发展，埋藏着无法估量的财富。随着人类对海洋认识和了解的深入，它们中有的已经被发现，有的仍在被遗忘的角落中静静地等待着我们的发掘……

“泥沙之城”
——埃及赫拉克利翁古城和东坎诺帕斯古城

历史追溯

在埃及北海岸尼罗河入海口，曾经存在闻名于世的两大古城，以繁华富有和规模宏大而著称。它们分别是赫拉克利翁古城和东坎诺帕斯古城。而如今，它们都已被淹没于海水之中……

在公元前500年前后，赫拉克利翁和东坎诺帕斯曾是埃及繁华的贸易中心，位于希腊船舶沿着尼罗河进入埃及的咽喉要道上。此外，它们还是重要的宗教中心，那里的神殿每年吸引世界各地成千上万的信徒前去朝圣。

浮出水面

人们对赫拉克利翁和东坎诺帕斯的了解都来自于一些古代文字的记载。根据这些线索，法国考古学家弗兰克·高迪奥开始在尼罗河三角洲以西数千米外的阿布齐尔海湾进行搜寻。直到2000年，高迪奥宣称他在7米深的海水中发现了两处遗址，包括残墙、倒塌的庙宇、栏杆和雕塑等。第一处遗址大概位于距离现在海岸线1 600米处。在随后的挖掘中，高迪奥的考古团队还发现了公元前600年的钱币、护身符和珠宝首饰等。考古学家们从一块石板上的文字中了解到，这座城市的名称为赫拉克利翁。石板上刻着当时的税务法令，签署者为奈科坦尼布一世。奈科坦尼布一世曾是公元前380~前362年间的埃及统治者。考古团队还确认了两座庙宇，庙宇里分别供奉着古希腊神话中的英雄赫拉克勒斯和埃及主神阿门。就在赫拉克勒斯神庙北方，潜水者还发现了许多青铜器。考古学家认为，这些青铜器可能主要用于祭祀。第二处遗址发现于数千米之外，考古学家认定它为东坎诺帕斯古城遗址。

↑古埃及女神伊希斯的塑像

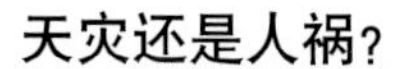

天灾还是人祸？

2 500多年前，两座古城由运河和灌溉渠以及现已不存在的一条尼罗河支流相连。两座城市均建在河岸边的泥沙地上，没有任何固定的支撑和桩基。所以，有科学家大胆推测，当尼罗河洪水泛滥时，地基会不断下沉，洪水渐渐把古城淹没于水下。

可是，埃及人有着几世纪的建筑智慧，却不能防止偶尔洪水的侵蚀吗？而今，埃及北海岸尼罗河入海口，那两座曾经芳华百世的古城依然静静矗立于海水中……这段漫长的岁月中到底发生了什么？

美丽的爱琴海

“农业生产革命遗址”——以色列亚特利特雅姆古村落

从该村落遗址看，当时的人们正经历人类历史上最伟大的一次革命。

——以色列海洋考古学家埃胡德·加利利

沉睡的村落

在以色列海法附近的地中海海域，距离岸边大约1千米的位置，沉睡着一个古老的村庄。这座古老的村庄在水下保存完好，大量的象鼻虫躲在村庄的粮仓中，人类的骨架平静地躺在各自的坟墓里，一个神秘的怪石圈仍然站立在那儿，就像当初刚刚被竖立时一样。这个水下村庄就是亚特利特雅姆古村落。

唤醒尘封的记忆

亚特利特雅姆古村落大约存在于公元前7000年，面积约为4万平方米，是目前已发现的最古老的沉没定居点。那里没有规划完整的街道，因此考古学家将其定位为村庄而不是城镇。不过在这个古村落中，人们居住的是石头砌的大型房屋，房屋中有铺砌的地板、壁炉，甚至还有存储设施。

这个古村落在水下沉睡了9 000年之久，直到1984年以色列海洋考古学家埃胡德·加利利将它唤醒。自此，加利利每年冬天都会潜入水下对这个村落进行考察。通过长期的考察，加利利找到了最后一个冰川期结束后海平面仍在继续升高的证据。正是由于海平面的持续升高，亚特利特雅姆村落最终被海水所侵蚀并淹没，村民被迫放弃他们的家园。

孕育变革

通过该村落，人们对新石器时代的人类生活有了更深入的认识。

从动物的遗骨看，亚特利特雅姆村民不仅会捕猎野生动物，同时还会畜养绵羊、山羊、猪、狗和牛等家畜。在农业方面，他们还会种植小麦、大麦、扁豆和亚麻等。在渔业方面，他们已经学会了使用鱼钩，而且从鱼骨分析可以看出，他们还会存储鱼类并进行交易。他们不仅会使用鱼钩钓鱼，还会潜入水中捕捉。考古学家在对一些坟墓中男性骨骼进行分析后发现，这些男性村民都由于长期在冰冷的水中潜水而使耳部受损。

这一系列的发现表明，这一时期，人类正经历一场史无前例的重大变革。这场变革甚至改变了人类社会的风貌。

亚特利特雅姆古村落的发现，证实了的确有我们不曾了解的史前文明的存在，而要将这些历史遗迹写进历史，还很难被现今的考古学家及历史学家所承认，因为这与过去的历史观并不兼容。然而我们坚信，只要转变一下观念，认识历史的真相只是时间问题罢了！无视于尘世的纷扰，亚特利特雅姆古村落依旧静静地矗立在海底……

水下“巨石阵”

在亚特利特雅姆古村落中，最奇怪的事物就是那个由7块600多千克重的巨石组成的圆圈。加利利认为：“这个石圈和英国的巨石阵有些相似，但规模较小。”在圆圈中间，有一个淡水喷泉。在附近一些石板上有一些水杯状的标记。考古学家们认为，这个怪石圈可能是为当时的求水仪式而建。

↓英国的巨石阵

↑水下巨石阵

“天然之城”——日本与那国岛

与那国岛本来是日本一个默默无闻的小海岛，随着1985年探险家新嵩喜八郎在海岛南部的水下发现了巨型石材建筑结构，与那国岛开始扬名海外。一些专家认为，这可能是一座古城废墟。

上帝之手还是能工巧匠？

在与那国岛南部近25米深的水下，竟然有许多壮观的阶梯和屋顶一样的建筑结构。这些建筑结构表面光滑，拐角处呈直角弯曲，看起来好像是人为雕琢的。日本琉球大学地质学家木村政昭经过一番考察和探险后宣称，他在海底还发现了一个巨型金字塔，一些城堡、纪念碑和大型运动场等建筑，所有这些都有道路相连。此外，他还发现了墙壁、水槽、采石场、石头工具和一个刻有古文字的石板。按照木村政昭的观点，这些都是古代文明存在的证据，认为这些建筑结构大约建造于6 000年前，当时这个古老的城市还处于海平面之上。

↑这是沉没的古城还是大自然的造化？

尽管这种说法很受大众欢迎，但是大多数专家对此仍持怀疑态度。专家们争论的焦点是，这些水下建筑结构是天然形成的还是人工建造的？美国波士顿大学地理学家罗伯特·舒霍奇就是天然形成说的代表人物。他认为，这些岩石都是沉积岩，具有水平沉积层，从侵蚀处可以看出水平平行线。由于地质构造运动，不同岩层会出现垂直裂缝，经过强大水流的冲刷和侵蚀，这些裂缝不断扩大，部分碎块被冲走，就形成了一个个巨大阶梯。

争论还在继续

最近，木村政昭又宣称这些建筑结构可能建造于二三千年前，因为当时的海平面已接近20世纪的水平，后来，由于地质构造运动，导致这片土地沉没于海水之下。

对于木村政昭的猜测，有些考古学家进行了反驳。哥伦比亚大学东亚考古专家理查德·皮尔森认为，与那国岛出土的文物表明那里的人类文明可以追溯到公元前2500~前2000年。当时，那里的人类群体非常小，不可能拥有如此非凡的能力建造这些巨大的石材结构。而且台湾距离与那国岛很近，虽然台湾人那时已经开始用石头建造房屋，但在台湾也没有发现任何和与那国岛相似的证据。

不管专家们如何辩论，这些巨大的神奇结构确实存在。在今天，即使不用专业的潜水设备，人们都可以很容易看到这些鬼斧神工般的岩层。究竟是天然之城，还是沉没的远古文明，这片水下奇迹留下的谜团吸引着世界各地大批游客和考古爱好者。

“荷马时代港口”——希腊帕夫洛彼特里

这里极有可能是特洛伊战争中勇士们远征出发的港口，至少它应该是荷马时代一个重要的港口城市。

——弗莱明

传说到现实，从过去到现在

你听过“特洛伊木马”的故事吗？它源于荷马史诗中描述的惊心动魄的特洛伊战争。

可是你知道吗，帕夫洛彼特里或许就是当年特洛伊战争中希腊联军登船远征的地方，是希腊荷马时代的港口城市——一座早已沉没的城市。帕夫洛彼特里的地理位置，最适合作为出海港口和中转站。考古学家认为，它极有可能与荷马史诗中许多历史故事存在重要联系。

希腊帕夫洛彼特里市应该是已知最早的沉没城市。这里曾经是青铜器时代最繁忙的港口之一，如今已沉没，遗迹位于希腊最南端的一个海湾水面4米以下，让人不禁咏叹繁华落尽的悲哀。

↑帕夫洛彼特里古城墙

弗莱明与帕夫洛彼特里的不解之缘

英国南安普敦大学海洋地质学家尼古拉斯·弗莱明于1967年潜入该海域发现了这片古城遗址。他认为“帕夫洛彼特里最适合作为中转站”。

1968年，弗莱明及其学生对帕夫洛彼特里遗址进行了测量和研究。他们发现，遗址上到处散落着公元前

↑特洛伊木马

1600~前1100年的古希腊迈锡尼文明时期的陶器碎片。然而，他并没有在遗址上发现码头或是港口的任何痕迹。

弗莱明还对该地区的海岸线进行了仔细的研究，试图找出帕夫洛彼特里市沉没于海底的原因。他认为，最可能的解释就是地质构造运动。该城市大约于公元前1100年被废弃，但是这究竟是由一系列小地震所引起的，还是因为一次灾难性事件所引起的，至今未有定论。

新的发现

此后的很多年，人们对于帕夫洛彼特里并没有更多的认识。直到2009年夏天，英国诺丁汉大学考古学家乔恩·亨德森与希腊考古学家伊利亚斯·斯朋德利斯利用激光定位技术和声纳扫描技术对该遗址进行了细致的探测。他们发现，帕夫洛彼特里遗址比1968年弗莱明所发现的规模要大得多。

他们还发现了两块巨型石刻墓碑，一个大型会堂和一些至少是公元前2800年的陶器。亨德森认为："所有这些都证明，帕夫洛彼特里市比以前想象的更重要。它或许是古希腊拉哥尼亚王国的主要城市之一，可能有许多王室成员居住于此。"

对帕夫洛彼特里的研究并未终止，探索还在继续。

“海底教堂”——英国丹维奇市

丹维奇是中世纪时期东英吉利的首府，也是一个繁华的渔港城市。城市建立在松软的沉积岩地基之上，最终被海浪所侵蚀。

1286年，丹维奇市遭受了一次空前的打击。巨大的海浪席卷了该市400多栋商店和住房，丹维奇市慢慢地被海水所破坏而沉入海底。该市的16座巨石建造成的教堂也在这一过程中逐渐消失，直到1919年最后一座教堂——“万圣”教堂沉没。

1971年，考古学者斯图亚特·培根发现“万圣”教堂的塔楼。2009年，培根和英国学者大卫·塞尔利用声纳技术又在海床上找到了另外两座教堂，它们分别于15世纪和17世纪沉没于海底。2009年6月，当地潜水爱好者从“圣彼德”教堂上采集了部分石头做成了教堂石雕。同年7月，英国威塞克斯考古中心又利用声纳技术在海底淤泥中找到了另一座教堂。塞尔至今仍在寻找……

“海盗之都”——牙买加皇家港口

Welcome to Caribbean!（欢迎来到加勒比！）

——《加勒比海盗》

在17世纪，牙买加皇家港口是加勒比地区重要城市之一，它也因为海盗和淫乱而臭名昭著，曾经被认为是“地球上最邪恶的城市”。皇家港口大概位于牙买加金斯敦海湾的入口处，当地人口最多时达1万多人，财富主要来自于海盗业，海盗船和武装民船常常在大海上劫持从西班牙美洲殖民地返回欧洲的船只。

如今，这个邪恶城市已经被大海所吞没。牙买加皇家港口建立在一片沙洲之上，而且高出当时的海平面不足1米。1692年，一场巨大的地震将该市大部分震成一片废墟，城市的2/3沉入海湾，地震造成大约2 000人死亡。据美国考古学家唐尼·汉米尔顿介绍，“当初建造在牢固地基上的建筑物如今仍然完好无损地坐落于海水中。”

神奇的怀表

数百年来，考古爱好者对这座水下城市一直充满好奇，希望能够从中找到当初海盗们的传奇故事。最具戏剧性的发现来自于20世纪60年代的一次探险，当时考古学家发现了一只怀表。怀表指针精确地定格在11时43分，这个时间正是那次大地震发生的瞬间。

西班牙“阿托卡夫人”号

当然，在‘泰坦尼克’号之前，还有更多的沉船事件是十分令人吃惊的，但是由于事情发生的年代久远，没有了确实的记载，是以给人的印象也就不那么深刻。

——泰戈尔《沉船》

在“沉没”中灭亡

也许是因为殖民掠夺罪孽深重，西班牙的运金船似乎被上帝抛弃了，一直受到海盗和飓风的困扰。为了对付海盗，每支船队都配备有装备了大炮、船身坚固的护卫船，“阿托卡夫人”号就是这样一艘护卫船。

1622年8月，“阿托卡夫人”号所在的由29艘船组成的船队载满财宝从南美返回西班牙。由于是护卫船，大家把数量巨大的财宝放在“阿托卡夫人”号上。遗憾的是船上的大炮对飓风没有什么威慑力，当船队航行到哈瓦那海域时，飓风席卷了船队中落在最后的5艘船。“阿托卡夫人”号由于载重太大，航行速度最慢，成为首当其冲的目标，船很快沉到17米深的海底。其他船上的水手马上跳下水，希望抢救出一些财宝，但是就在他们找到沉船，准备打捞金条时，又一场更具威力的飓风袭来，所有下水的人都在飓风中丧生。

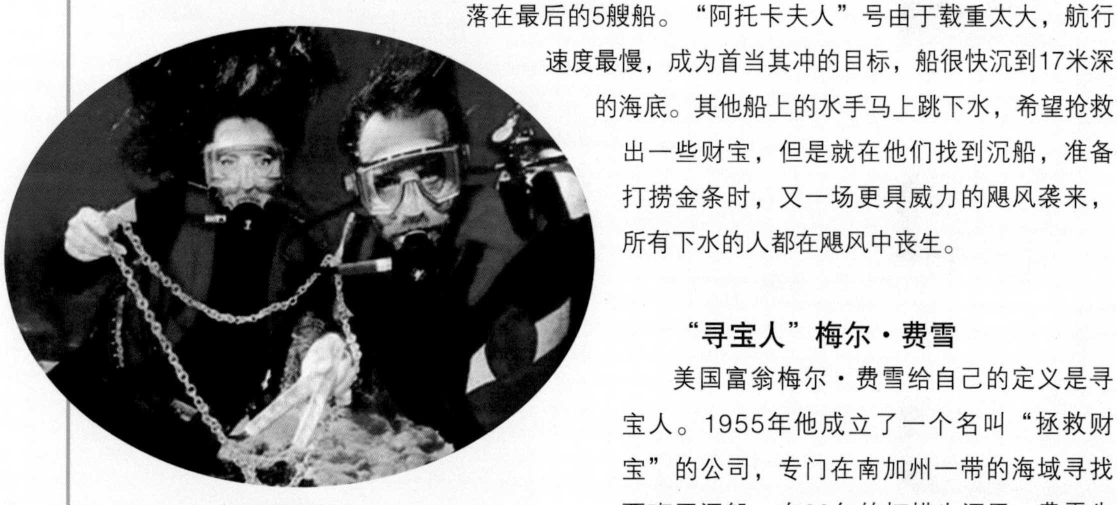

↑费雪和他的女儿

“寻宝人”梅尔·费雪

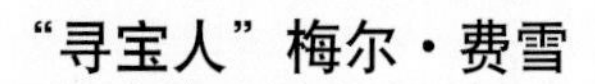

美国富翁梅尔·费雪给自己的定义是寻宝人。1955年他成立了一个名叫“拯救财宝”的公司，专门在南加州一带的海域寻找西班牙沉船。在20年的打捞生涯里，费雪先后打捞起6条赫赫有名的西班牙沉船，其中就包括“阿托卡夫人”号，成为圈中名人，也赚足了钞票。

价值连城的“破船”

在“阿托卡夫人”号被发现之前，民间传说这艘船有着史上最多的宝藏。“阿托卡夫人”号上的宝藏完全是以量取胜，以吨计的黄金使它排在世界十大宝藏的第三位。沉船上有40吨财宝，其中黄金将近8吨，宝石也有500千克，所有财宝的价值约为4亿美元。数量巨大的宝藏也印证了殖民者的罪恶：当年，西班牙对南美洲殖民采用了最野蛮的方式进行掠夺，一船又一船的金银财宝成为殖民掠夺的罪证。

美国版的“铁杵磨成针”

费雪曾发誓一定要找到“阿托卡夫人”号，为这个理想他放弃了公司的正常运转。“寻宝人”全家齐上阵，费雪的妻子、儿子和女儿陪着他一起下水，在海底寻找梦想。

功夫不负有心人，1985年7月20日，费雪和家人终于找到了“阿托卡夫人”号和上面数以吨计的黄金。费雪寻找“阿托卡夫人”号的故事成了“铁杵磨成针”的翻版，“寻找阿托卡”竟然也成了常用短语，它告诉我们：只要坚持，梦想终能实现。

↓“阿托卡夫人”号模型

西班牙“圣荷西”号

祸从天降

1708年5月28日，是一个晴朗的日子。西班牙大帆船“圣荷西”号缓缓从巴拿马起航，向西班牙领海驶去。这艘船上载满着至少价值10亿美元的金条、银条、金币、金铸灯台等。当时，西班牙与英国、荷兰等国正处于敌对状态，英国著名海军将领韦格率领着一支强大的舰队正在巡逻，危险随时会降临在“圣荷西”号上。然而，归国心切的“圣荷西”号船长费德兹对此却全然不顾，他竟天真地认为：大海何其广大，难道会这么巧遇上敌舰？船长显然是过于自信了。“圣荷西”号帆船平安行驶了几天后， 6月8日，当人们惊恐地看到前面海域上一字排开的英国舰队时，全都傻了眼。猛然间，炮火密布，水柱冲天，炮弹落在“圣荷西”号的甲板上，海水渐渐吞噬了巨大的船体，“圣荷西”号连同600多名船员以及无数珍宝在爆炸声中沉入海底。西班牙人为自己的盲目懈怠付出了代价。

↑西班牙大帆船模型

何去何从

对于“圣荷西”号沉没地点，始终没有一个确切答案。经无数寻宝者测定，终于有了一个大概的结果：它在距海岸约10千米的加勒比海740米深的海底。

俗话说：“近水楼台先得月。”1983年，哥伦比亚公共部长西格维亚郑重宣布：“圣荷西”号是哥伦比亚的国家财产，不属于那些贪得无厌的寻宝者。人们估计，该国政府已经勘察出沉船的地点，尽管打捞费用高达3 000万美元，但与这批宝藏相比算不了什么。但奇怪的是，直到现在哥伦比亚还没有对沉船进行打捞，这批传奇珍宝的结局如何，仍是未知数。

单桅帆船

“巴图希塔姆”号

从小雇员到大富翁

故事的主人公是德国人蒂尔曼·沃尔特法恩，他因从东南亚海域打捞出一批价值连城的中国珍宝，一夜之间变成富翁。沃尔特法恩原在德国一家水泥公司工作，一个偶然的机会，他听公司的一位印尼雇员说，在位于加里曼丹和苏门答腊岛之间的勿里洞岛水域有一艘沉船，船中可能有珍宝。沃尔特法恩对这条沉船产生了浓厚兴趣。后来，他带着潜水装备，与那名印尼雇员一起到了印尼。沃尔特法恩怎么也想不到，此行不仅改变了自己的一生，还使一批数量惊人的古代文物浮出了水面。

重现沉船过程

考古学家在对这艘沉船进行化学分析后发现，这艘27米长的船是用印度和非洲木材制造的。研究这艘沉船的澳大利亚考古学家迈克尔·弗莱克说：“我们可以推断，这艘船当时正由阿拉伯和印度水手驾驶，打算从杭州返回某个阿拉伯国家，没想到途中遇到暴风雨，结果沉没在勿里洞岛水域。”

考古学家重现了“巴图希塔姆”号沉没的那一幕：公元9世纪的中国，唐代的商人将瓷器装上阿拉伯的单桅三角帆船“巴图希塔姆”号，从杭州出发，准备前往阿拉伯。“巴图希塔姆”号在航行至东南亚海域时遇暴风雨袭击，又撞到水下暗礁。在双重打击下沉入水中，沉没地点位于加里曼丹和苏门答腊岛之间的勿里洞岛水域。

沉船——中国制造

沃尔特法恩从海底共打捞上6万件物品，其中包括陶瓷酒壶、茶碗、刻有浮雕的金银餐具。这些珍贵物品大部分是产自八九世纪中国的陶瓷制品。

考古学家之所以认定这些物品具有1 200年的历史，第一条线索是从沉船上打捞出来的两个瓷釉碗，这两个瓷釉碗底有“敬宗皇帝二年八月十六”的字样，它们应该是在826年制造的；第二条线索则是来自密封陶壶中的大茴香子和葡萄干混合物的残留物，考古学家在对这些残留物进行碳元素分析后，发现它们的年代在公元680～890年之间；第三条线索则来自一面被严重腐蚀的铜镜的文字，对这些文字研究表明，铜镜上的金属曾于758年12月在中国杭州被提炼过“100次”。

沉船的背后

沃尔特法恩从海底打捞上的物品中有蓝、黄、白三种颜色的陶瓷制品，22个银盘和银杯，7个金盘和金杯。现在，这些珍贵的文物被保存在新西兰一个安全措施十分严密的飞机修理库里。

考古学家们表示，“巴图希塔姆”号沉船向人们展现了无可争辩的事实，那就是在1 200年前，中国已经在发展海上贸易。

西班牙“黄金船队”

18世纪初，满载金银珠宝的“黄金船队”驶向西班牙，在航行途中遭到英荷舰队袭击，“黄金船队”被毁，连同它承载的价值连城的宝物一起沉入大海。如今200多年过去了，一段尘封的往事伴随着海底寻宝热再次被人想起。

一次注定失败的远航——沉船背景

17世纪末，内忧外患的西班牙殖民帝国已是穷途末路。面对国内财政状况的窘境，国王菲利普五世1702年命令南美洲西班牙殖民政府把上缴和进贡的金银财宝用船火速送往西班牙塞维利亚。这样做是要冒很大风险的，横渡大洋运送这批价值连城的财宝必然要有一支相当规模的部队，而当时西班牙和英国正处于交战之中。此时，西班牙的运输船处处受到英荷舰队的围追堵截。

尽管如此，17艘满载着从秘鲁和墨西哥掠夺来的金银珠宝的大帆船还是在1702年6月12日驶离哈瓦那，朝西班牙领海进发了。这就是西班牙历史上著名的“黄金船队”。从出发那一刻起，就注定这是一场充满悲剧色彩的远航。

沉船始末

1702年6月的一天，正当“黄金船队”驶到亚速尔群岛海面时，突然一支英荷联合舰队拦住去路，这支150艘战舰组成的舰队迫使“黄金船队”驶往维哥湾躲避。面对强敌的包围，唯一而且最好的办法是从船上卸下财宝，从陆地运往西班牙首都马德里，但偏偏当局有个奇怪的规定：凡从南美运来的东西必须首先到塞维利亚市验收，显然不能违令从船上卸下珍宝。幸运的是在西班牙王后的特别命令下，国王和王后的金银珠宝被卸下，改从陆地运往马德里。

在被围困了一个月后，英荷联军约3万人对维哥湾发起猛攻，3 115门重炮的轰击，摧毁了炮台和障碍栅，西班牙守军全线崩溃。由于联军被无数珍宝所激奋，战斗进展迅速，港湾很快沦陷。

此时“黄金船队”总司令贝拉斯科绝望了，他下令烧毁运载金银珠宝的船只。瞬间，维哥湾成为一片火海，除几艘帆船被英荷联军俘获外，绝大多数葬身海底。

这批财宝究竟有多少？

据被俘的西班牙海军上将恰孔估计：有4 000～5 000辆马车的黄金珠宝沉入了海底。尽管英国人多次冒险潜入海下，也仅捞上很少的黄金珠宝。

沉船的魅力

这批宝藏强烈吸引着无数寻宝者。从此，一批批冒险家前赴后继地前往维哥湾寻宝，他们有的捞起已经空空如也的沉船，有的却得到了绿宝石、紫水晶、珍珠、黑琥珀等珠宝，有的用现代化技术和工具继续探寻。随着岁月推移，风浪海潮已使宝藏蒙上厚厚泥沙，众多传闻又使宝藏增添了几分神秘。

更具传奇色彩的是，那部分由陆地运往马德里的财宝，在途中有一部分被强盗抢走。这部分约1 500辆马车的黄金，据说至今仍被埋藏在西班牙庞特维德拉山区的一个鲜为人知的地方，这又像一块巨大的磁铁吸引着梦想发财的人们。

↑维哥湾

“中美”号淘金船

近年来，在水下探测技术设备的帮助下，越来越多的海底宝船被发现。美洲地区在西方殖民地时代以来隐没了大量的宝藏，有“美洲八大宝藏”之说。其中有两大宝藏在沉船中，一艘沉船是著名的“圣荷西”号，与它齐名的是西班牙的“中美”号。

绝望的淘金者

1849年，美国加利福尼亚发现金矿，一时间便掀起淘金热，各地的冒险者云集于此，他们携带家眷，开始了淘金的行程 。

1857年9月8日，一艘满载黄金的淘金船离开巴拿马，驶向纽约。两天后，他们遇上了意料不到的灾难，这艘汽船吃水太深，加上遇到飓风，船舱破裂，海水涌了进来，一望无际的大海使这群千里寻金的人绝望了，423名淘金者连同那无法估量的黄金葬身海底。

巴拿马海域与中美洲地峡

巴拿马海域75 517平方千米，位于中美洲地峡。中美洲地峡东连哥伦比亚，南濒太平洋，西接哥斯达黎加，北临加勒比海，连接中美洲和南美洲大陆，海岸线长约2 988千米。

价值估计

“中美”号上最大的金块重达半吨，加上其他的3吨黄金及大量金币，价值估计高达10亿美元。

一线光明

著名的寻宝专家史宾赛对“中美”号表示了强烈兴趣，他花费了十几年时间来寻找“中美”号，并深信已找到该船沉落的确切地点，希望尽快打捞出这批黄金。史宾赛似乎为解开加州宝藏之谜带来一线光明。

巴拿马海域

↑“南海一”号文物打捞作业

“南海一”号

从一则新闻说起

2007年，一则关于沉船打捞的新闻牵动了中国人民的心：“2007年12月22日11时32分‘南海一’号成功完整出水，沉睡海底800多年的南宋古船在被发现20年之后，终于重见天日。”

打捞“南海一”号

在海底沉睡多年的“南海一”号为南宋时期商船，沉没于广东省阳江市东平港以南约20海里处，船舱内保存文物总数估计为6万~8万件。

该船于1987年在广东阳江海域发现，长约30.4米，排水量可达600吨。当时这艘古船是从中国驶出，赴新加坡、印度等地区进行海外贸易。

无法用金钱来衡量的价值

这艘沉没海底近千年的古船船体保存相当完好，船体的木质仍坚硬如新，令人惊奇。

在“南海一”号出水前，其价值就被普遍看好。有人说它是“海上敦煌”，“沉船宝藏超千亿美金”，还有人认为“价值可与兵马俑相媲美”。这些说法虽然有些夸张，但不难看出，“南海一”号确实有非同寻常的价值。

对于一艘海底沉船来说，价值被看好自然可喜，但考古价值不能只是简单用金钱来衡量。“南海一”号是目前世界上发现的年代最久远、船体最大、保存最完整的远洋贸易商船，对我国古代造船工艺、航海技术研究以及木质文物长久保存的科学规律研究提供了最典型的标本。同时，它将为复原海上丝绸之路的历史、陶瓷史提供极为难得的实物资料，甚至可以获得文献和陆上考古中无法得到的信息。船上的文物对于解开“海上丝绸之路”的诸多秘密很有帮助，其文物考古价值远远高于经济价值。

“南海一”号的重生

2007年12月22日，“南海一”号完整出水；27日凌晨，沉井完全登陆，实现整体打捞的成功；28日，成功入住“水晶宫”。至此，轰轰烈烈的打捞工程竣工，“南海一”号迎来新生。

↑“南海一”号中的文物

水晶宫？水晶宫！

“水晶宫”不是神话传说吗？不，“水晶宫”是保存“南海一”号的广东海上丝绸之路博物馆！

海上丝绸之路博物馆位于广东阳江“十里银滩”上。它是一个巨型玻璃缸，其水质、温度及其他环境都与沉船所在的海底情况完全一样。通过“水晶宫”的透明墙壁，还可以看到水下考古工作者潜水发掘打捞文物的示范表演。入住造价达1.5亿元的“豪宅”，也只有“南海一”号能享受这样的待遇了。

海洋大国梦

“南海一”号是国内发掘的第一个沉船遗址，它标志着中国海洋考古新时代的到来。

自1987年的那次意外发现以来，中国人一直做着一个梦，梦想“南海一”号出水的一天， 20年后，这个梦终于实现了。

“南海一”号的命名人俞伟超将中国人把“南海一”号整体打捞并保存在水晶宫的创举，堪比英国人为16世纪战船“玛丽·露丝”号修建水下考古博物馆一事，称此两船为世界“水下考古极为明亮的两颗珍珠”。这位老人生前对“南海一”号和中国水下考古最后的寄语是：“这是国内发现的第一个沉船遗址，它意味着是一个开始。”

放眼世界，越来越多的国家将目光投向海洋。海洋，是大国必由之路。“南海一”号的打捞彰显了国人走向海洋的决心，也许不久的将来，中国会重现“海上丝绸之路”的辉煌，续写海洋强国的篇章。

↑“南海一”号博物馆

“阿波丸”号

太平洋历史上最大的海难

日本远洋油轮“阿波丸”号建造于20世纪40年代，长154.9米，宽20.2米，吃水12.6米，总吨位11 249吨。1945年，“阿波丸”号被日本军队征用。1945年3月28日“阿波丸”号在新加坡装载了从东南亚撤退的日本军人驶向日本。4月1日午夜时分，该船行至中国福建省牛山岛以东海域，被正在该海域巡航的美军潜艇“皇后鱼”号发现，遭到数枚鱼雷袭击，3分钟后迅速沉没。除1名厨师幸免外，2 009名乘客、船员以及船上装载物资全部沉入海底。

↑“北京人”头盖骨

↑“阿波丸”号模型

海底“金山”

“阿波丸”号上到底装载了什么？有人说它是座“金山”。

与“阿波丸”号一起沉入海底的据说是40吨黄金、12吨白金、40箱左右的珠宝和文物、3 000吨锡锭、3 000吨橡胶、数千吨大米以及大批工业钻石，传说还可能有无价之宝“北京人”头盖骨。

谜影重重

按照日美双方约定，“阿波丸”号的航行已事先通报给了美军，作为一艘有盟军安全保障的日本万吨巨轮，有什么理由在这片漆黑而危险的海域全速行驶呢？而且“阿波丸”号当时打开了夜航灯，“皇后鱼”号有什么理由去攻击它呢？

第二次世界大战期间，美军潜艇执行任务都是由情报部门统一提供情报，舰长独立指挥。1945年3月10日，“皇后鱼”号执行前往台湾海峡的攻击巡逻任务。然而半个多月里它没有攻击任何船只，直到4月1日“皇后鱼”号潜艇才对“阿波丸”号进行了攻击。难道这一切都是巧合吗？

打捞沉船

1977~1980年，中国在福建省平潭县牛山岛以东海域打捞日本沉船“阿波丸”号。之前许多国家认为中国根本没有能力单独进行打捞，但中国人有信心、有志气。实践证明，打捞“阿波丸”号的任务不仅圆满完成，而且实际作业时间比美国计划的所需有效工作日还少。1980年7月，“阿波丸”号的船头被吊出海面，打捞“阿波丸”号工程圆满结束。

↑“皇后鱼”号潜艇

新的谜团

“阿波丸”号重新浮出水面，但在这次打捞作业中，没有发现黄金的存放处，也没有找到任何黄金，引起了外界的不少猜测。

更让国人忧心的是国宝“北京人”头盖骨的下落。关于“阿波丸”号中有无“北京人”头盖骨的争议，一直存留至今。美国方面的情报表明，“北京人”头盖骨就在“阿波丸”号上，可是沉船打捞上来却不见踪影，至今仍是谜团。

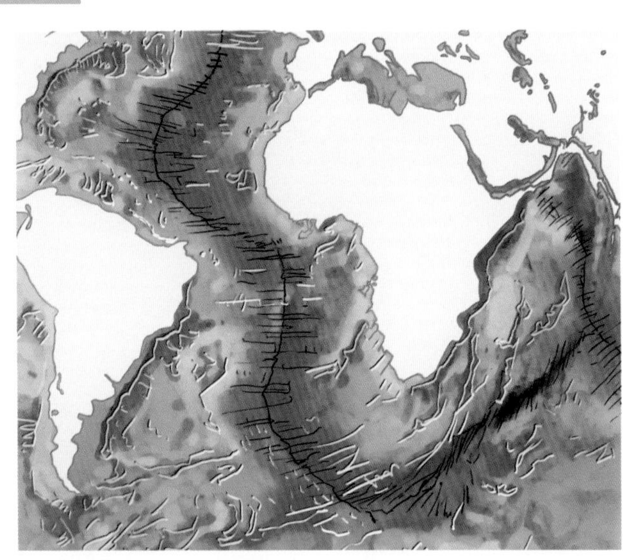

海底形貌

Seabed Features

提起一碧万顷、波涛汹涌的大海，许多人都有直观的印象；可是对于海底的世界，人们却知之甚少。从龙宫到波塞冬神殿，人们对海底的世界有太多的猜测与幻想。其实，海底也有千变万化的地形：有深邃的沟堑、广阔的平原；也有无垠的高原、雄伟的山脉，与我们熟悉的陆地并无二致。

海底世界是什么样子的

海洋总面积约占地球表面的71%，浩瀚海水覆盖下的海底世界究竟是什么样子，对大多数人来说还是有些神奇。随着海洋科学考察活动的开展，特别是第二次世界大战以后，各种先进的技术方法应用于海洋调查，积累了丰富而翔实的资料，人们对海底的形貌有了比较完整而清晰的概念。为了让读者朋友更好地认识海底世界变化多端的形貌景观及其特征和发展演化，我们就先来介绍一下与海底形貌有关的地质学知识吧。

大陆和海洋的位置都在变——大陆漂移假说

魏格纳的意外发现

说到大陆漂移假说，还有一个有趣的故事。1910年的一天，德国气象学家魏格纳因病躺在床上。当他把目光移到对面墙壁上的地图时，意外地发现大西洋两岸的轮廓竟如此地相对应，特别是南美洲巴西东端的直角凸出部分，与非洲西岸同样呈直角凹进去的几内亚湾非常吻合。自此往南，巴西海岸的每一个凸出部分都恰好与非洲西岸同样形状的海湾相对应；而巴西海岸每有一个凹进的海湾，非洲西岸也同样有一个相对应的凸出部分。这难道是偶然的巧合？魏格纳的脑海里突然闪现出一个念头：莫非是非洲大陆与南美大陆曾经贴合在一起，后来陆块破裂、漂移而分开？

↓魏格纳

《海陆的起源》的出版

魏格纳1912年发表了题为“大陆的生成”的论文，提出了大陆漂移的见解。之后，他孜孜不倦地收集地层、构造、古地理、古生物、古气候等方面的证据，挥笔著就了著名的、曾风靡全球的名著——《海陆的起源》，全面、系统而又详细地论述了大陆漂移的观点。

其实，关于大陆漂移的观点，在魏格纳之前就有很多学者提到过，但都没有进行过论证，有的还带有灾变论或神话色彩。而魏格纳认识到，大西洋两岸轮廓的相似性绝非偶然，也许是涉及大陆形成和地球演化的大问题，很值得研究。于是，魏格纳立志要揭开谜底。

在多方面研究和求证后魏格纳提出了大陆漂移说，他认为：大陆地壳由密度较小的岩石（主要为花岗岩）组成，它们像木筏一样漂浮在密度较大的海洋地壳（主要为玄武岩）之上，并在其上运动。在中生代以前，全球只有一块巨大的陆地，魏格纳称之为泛大陆或联合古陆；泛大陆的周围是全球统一的海洋——泛大洋。中生代以后，泛大陆逐步分裂成几块小一点的大陆，四散漂移。美洲脱离了欧亚大陆，逐渐到达现在的位置并由此产生了大西洋；非洲南部与南亚次大陆分离，中间的空隙形成印度洋；随着大西洋和印度洋的出现，过去的泛大洋逐渐缩小，成为

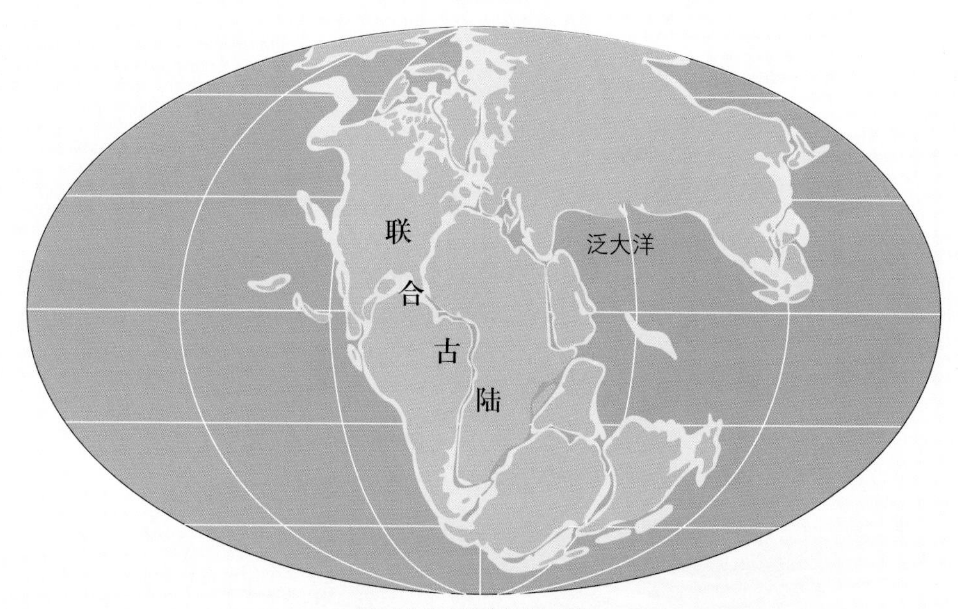

↑中生代之前的海洋与陆地

今天的太平洋；两块较小的陆地脱离非洲大陆，漂到远离大陆的南部，也就是现在的澳大利亚和南极洲。从而形成了今天的海陆格局。

↓大西洋两侧拟合而成的大陆

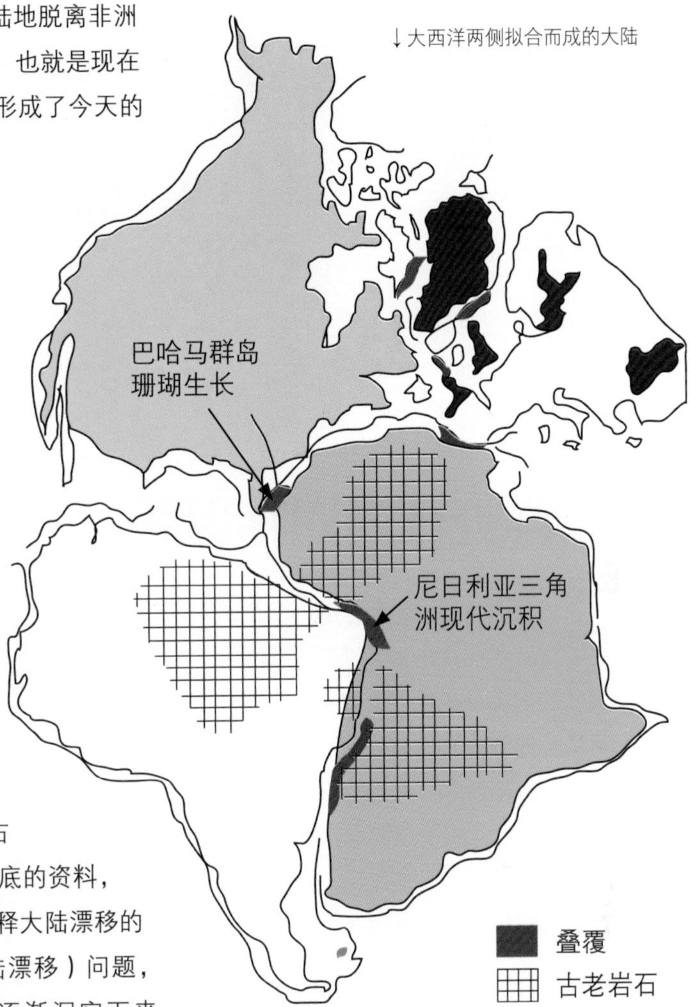

海洋和陆地都在动

魏格纳的大陆漂移说主张地球表层存在着大规模的水平运动，海洋和陆地的分布格局处在永恒的运动变化过程中，作为新地球观的活动论思想即由此发端，在地学界引起了轰动。

大陆漂移说能够合理地解释许多在古生物、古气候、地层和构造等方面的事实，但限于当时的认识水平，又缺乏占地球表面总面积71%的海洋底的资料，再加上魏格纳未能合理地解释大陆漂移的机制（即什么力量推动大陆漂移）问题，大陆漂移说盛行一时后便逐渐沉寂下来。1930年魏格纳在格陵兰考察不幸遇难后，就很少再被人提起。直到20世纪50年代，特别是进入60年代后，海底扩张和板块构造学说的相继问世，赋予了大陆漂移说以新的认识。

洋壳在周期性更新——海底扩张假说

世界洋底的重大发现

在20世纪之前，人们对于海底的认识几乎是一片空白。20世纪20年代以后，对海底的调查蓬勃发展，特别是20年代德国“流星”号考察船在大西洋的调查中，应用回声探测技术，首先确认了大西洋中部绵延1.7万千米的海底山脉。第二次世界大战后，回声测深、人工地震探测、重力和磁力测量等地球物理技术广泛应用于海洋调查，在世界洋底发现或确认了以前未曾预见到的全球规模的地质现象。

全球规模的大洋测探，相继在太平洋、印度洋和北冰洋发现了巨大的海底山脉系列，前面提到的大西洋海底山脉只是其中的一段。1956年美国学者尤因和希曾首先确认，在世界各大洋发现的海底山脉是纵贯世界大洋底的山脉系列，被称为大洋中脊体系（简称洋中脊）或中央海岭，在洋中脊的轴部是张力作用下形成的断裂带，其剖面是“V”形，贯穿整个大洋中脊体系，分别被称为中央裂谷。在大西洋和印度洋，它正好位于大洋中部，边坡较陡，被称为大西洋中脊和印度洋中脊；在太平洋，它偏居大洋东侧，且边坡较缓，通常被称为东太平洋海隆。它们首尾相接，延伸6.4万千米，堪称地球上规模最大的山系。

大规模海洋调查的另一个重大发现是分布在大洋边缘深海的海沟。深海海沟主要分布在太平洋边缘，大西洋和印度洋的海沟较少。在太平洋的西缘海沟向陆一侧往往有与之平行的呈弧形分布的岛屿（岛弧）形影相随，一般称此现象为岛弧—海沟体系；但在太平洋东缘，海沟向陆一侧并无岛弧，而是逼近大陆，与美洲的海岸山脉相伴，因其外观亦呈弧形而被称为山弧—海沟体系；两者统称弧—沟体系，这里不仅是地球上高低悬殊最大的地带，而且地球上最强烈的地震、火山和构造活动几乎都发生在这里。

20世纪50年代，在世界各大洋底进行了广泛的地震探测，出乎人们意料的是，海底之上的海洋沉积层的厚度很小，平均只有500米，其分布也极不均衡，在洋中脊顶部几乎没有沉积层，从中脊两翼向外，沉积层逐渐增厚。如果以每百年沉积1毫米的速度来计算，只要大洋存在10亿年，就应当有厚达10 000米的沉积层。然而洋底的沉积层却如此之薄，分布又那么不均衡，说明海底地壳应当还是十分年轻的。但从生物的起源和演化看，陆地上发现了几十亿年前的海洋生物化石，说明海洋已经存在了起码几十亿年。“古老的海洋，年轻的洋底”，这一现象实在令人费解。

海底扩张说应运而生

20世纪中期，世界大洋底的一系列重大发现是人们以前未曾想到的。在发现这些全球规模的地质现象之后，传统的理论已不能对它们的存在及其形成机理作出合理的解释，这无疑引起了许多相关领域科学家的关注和探究的兴趣。在这种背景下，海底扩张假说便应运而生了。

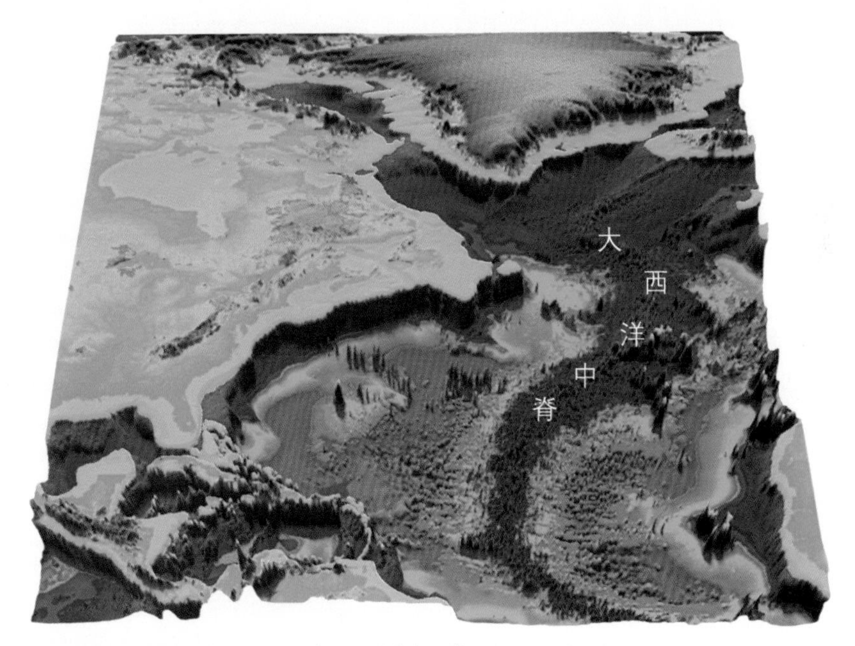

↑大西洋中脊三维图

1961年，美国科学家迪茨首先在世界著名杂志《自然》（Nature）上发表了具有历史意义的论文《用海底扩张说解释大陆和洋盆的演化》，首先提出了“海底扩张”这一术语，精炼地阐明了海底扩张的基本思想。而海底扩张的基本概念最初是美国另一位科学家——普林斯顿大学的赫斯教授孕育的，他于1960年就写成了那篇流芳后世的经典论文《大洋盆地的历史》，提出了一个清晰而又使人易于理解的关于海底从生成到消亡这一过程的全新模式。可惜的是，赫斯这篇独创性的论文在当时并未正式发表，因为他认为“这一设想需要很长时间才能得到证实”，所以只在有关方面传阅过，直到1962年赫斯才正式发表了这篇论文，他称之为“一首地球诗篇”。1968年迪茨在其文章中也承认赫斯的论文在他之先，尽管他当时并未看到。

其实，在20世纪60年代初期，还有不少学者具有或提出过类似赫斯和迪茨的观点，只是幸运之神与他们擦肩而过，未能在历史上留下光辉的一页。

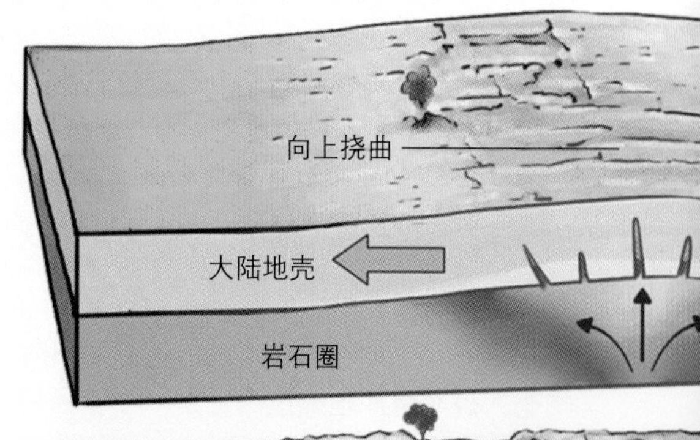

海底扩张模式

将赫斯和迪茨的观点加以综合、概括，海底扩张模式可以表述如下：大洋中脊轴部裂谷带是热地幔物质涌升的出口，涌出的地幔物质冷凝形成新洋底，新洋底同时推动先期形成的较老洋底向两侧扩展。

海底扩张在不同大洋表现形式不同。一种是扩张着的洋底同时把与其相邻接的大陆

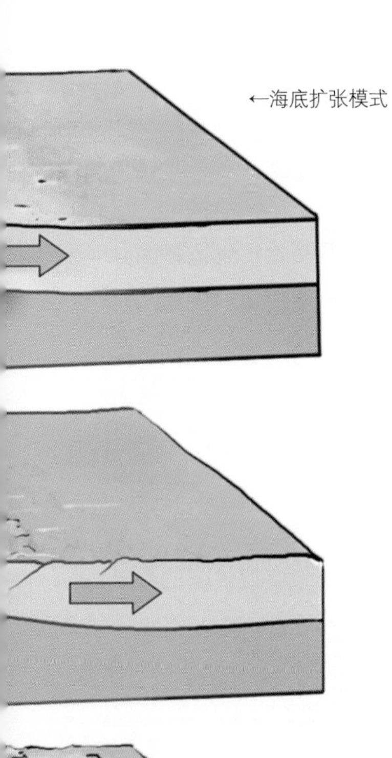

←海底扩张模式

↑赫斯

向两侧推开，大陆与相邻洋底一起随海底扩张向同一方向移动，随着新洋底的不断生成和向两侧展宽，两侧大陆间的距离随之变大，这就是海底扩张说对大陆漂移的解释（这与魏格纳所说的大陆漂移有本质上的不同）。大西洋及其两侧大陆就属于这种形式，如果洋底扩张速度为每年数厘米，经过1亿～2亿年便可形成大西洋目前的宽度，两侧大陆（西侧的北美洲和南美洲，东侧的欧洲和非洲）客观漂移距离可达5 000千米以上。另一种方式是当洋底扩展移动到一定程度，驱动力不能再继续推动海底和相邻陆块向前移动时，洋底便向下俯冲潜没，重新回到地幔中去，相邻大陆逆掩于俯冲带上。洋底在扩张运动中接受的沉积物因密度小、质量轻，不随洋底潜没而被刮削下来，加积于大陆一侧形成岛弧或大陆边缘山弧，洋底俯冲潜没产生的牵引作用则在俯冲带形成深海沟，从而构成弧—沟体系。太平洋就是这种情况，其洋底处在不断新生、扩展和潜没的

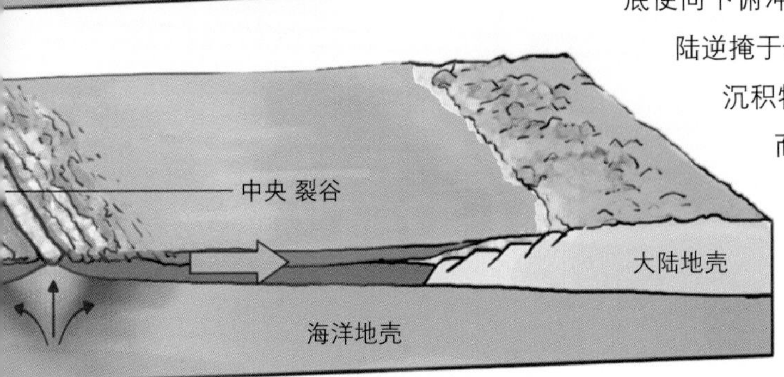

过程中，仿佛一条运动不息的传送带，大约经过2亿年，洋底便可更新一遍。赫斯曾形象地比喻：展现在我们面前的地球仿佛是一头巨型怪兽。这头怪兽长着两张血盆大口：一张大口是大洋中脊的中央裂谷带，不断地从中吐出新的洋底；另一张则是大洋边缘的深海沟，不停地吞吸着老的洋底。

洋底边产生、边运动、边潜没，其周期不会超过2亿年。驱动洋底周期性扩张运移的源动力是地球的地幔物质对流。其中，大洋中脊轴部的中央裂谷带对应于地幔物质对流的涌升和发散区，宽广的大洋盆地对应于海底扩张运动区，海沟则对应于地幔物质对流的下降汇聚区。正是地幔物质的对流作用，使得大洋底周期性地更新，因而洋底总是年轻的，而上覆的海水却是古老的。

海底扩张理论被系统提出以来，人们对大洋盆地及其边缘进行调查研究的兴趣更加浓厚，新的发现不断涌现，特别是20世纪60年代中期发现的条带状海底磁异常、大洋中脊上有规律分布的转换断层以及1968年开始的深海钻探所取得的成果，不仅是支持海底扩张的重要依据，而且成为板块构造学说的基础和主要内容。

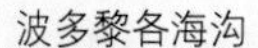

波多黎各海沟

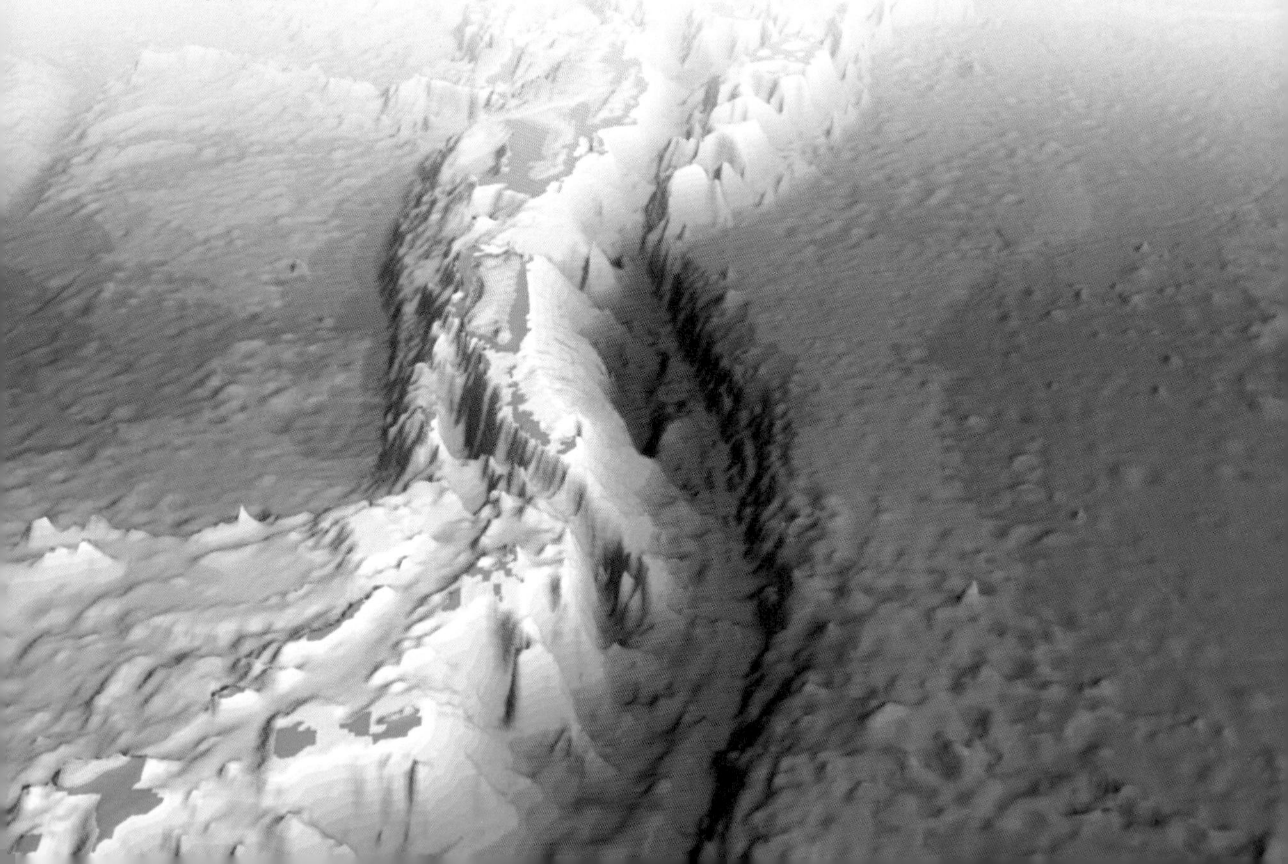

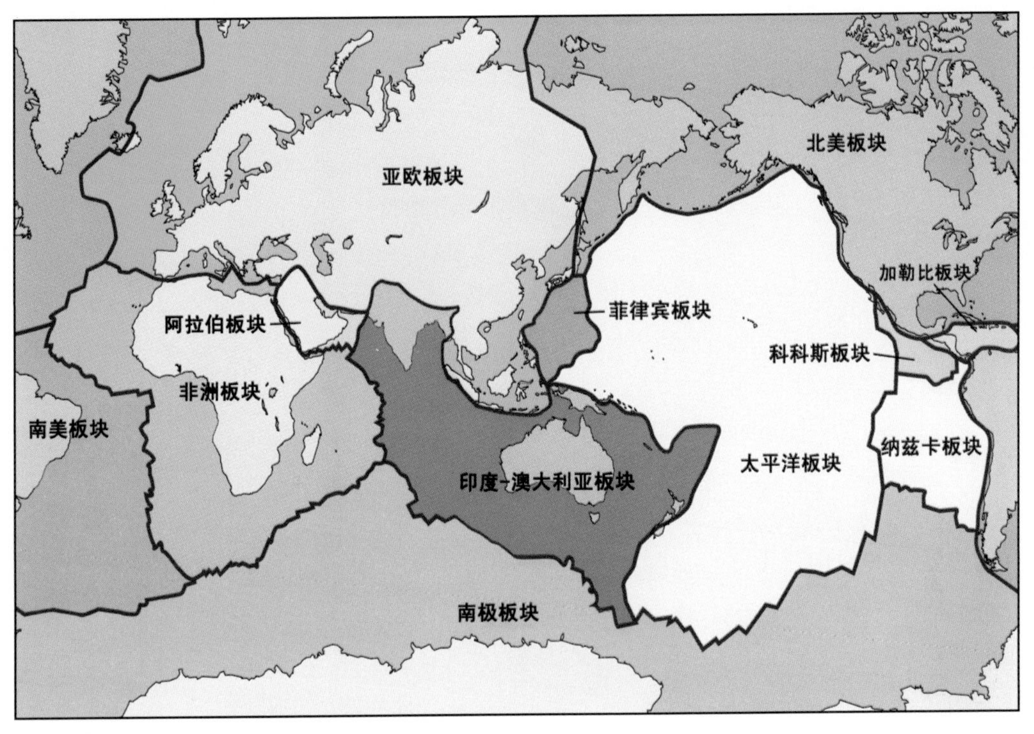

↑12板块划分

新全球构造理论——板块构造学说

众学者智慧之大成

20世纪60年代，可以说是地球科学史上最激动人心的时期，世界上一大批才华不凡的学者对海底的探究如痴如醉。1965年，加拿大著名地球物理学家威尔逊，海底扩张说创始人之一的赫斯，英国剑桥大学的布拉德、马修斯和瓦因等学者在剑桥大学聚会，围绕海底扩张的相关问题展开了热烈的讨论，有很多新概念在这次讨论的过程中逐渐明朗起来。

1965年，威尔逊发表了论述“转换断层”的论文，在这篇论文中勾画出了板块构造的最初轮廓，“板块”这一术语就是在这篇论文中首先提出的。后经摩根、麦肯齐、帕克、勒皮雄等人的不断综合和完善，于1968年正式确立了“板块构造”学说，美国拉蒙特·多尔蒂地质观测所的伊萨克斯、奥利弗和塞克斯进一步阐述了地震活动与板块运动间的关系，使板块构造研究向前推进了一大步。

一元化的新全球构造理论

大陆漂移说是立足于陆地的古地理环境提出的，海底扩张说主要论述海底的形成与演化，而板块构造则将陆地和海洋作为一个整体来研究，它是大陆漂移说和海底扩张说的引申和发展，是使地球一元化的全球构造理论，所以有人称之为新全球构造理论。板块构造学说的创立是人类对地球认识的一次历史性突破，其基本观点可以概括如下。

地球最上部被划分为刚性的岩石圈和呈塑性的软流圈，岩石圈可以漂浮在软流圈之上做侧向运动。全球岩石圈并非“铁板一块”，它被一系列构造活动（主要是地震活动）带分割成许多大小不等的球面板状块体，每个这样的块体就叫做岩石圈板块，简称板块。最初，勒皮雄曾将全球划分为六大板块：太平洋板块、亚欧板块、非洲板块、美洲板块、印度-澳大利亚板块和南极板块。它们属于一级大板块，一般既包括海洋，也包括陆地，控制着全球板块运动的面貌。不过，现在比较流行的是12板块说，上述六大板块中的美洲板块分为北美板块和南美板块，另外还有阿拉伯板块、菲律宾板块、纳兹卡板块、科科斯板块和加勒比板块。板块内部是相对稳定的，而板块边界则是全球最活跃的构造带，板块间的相互作用及其运动

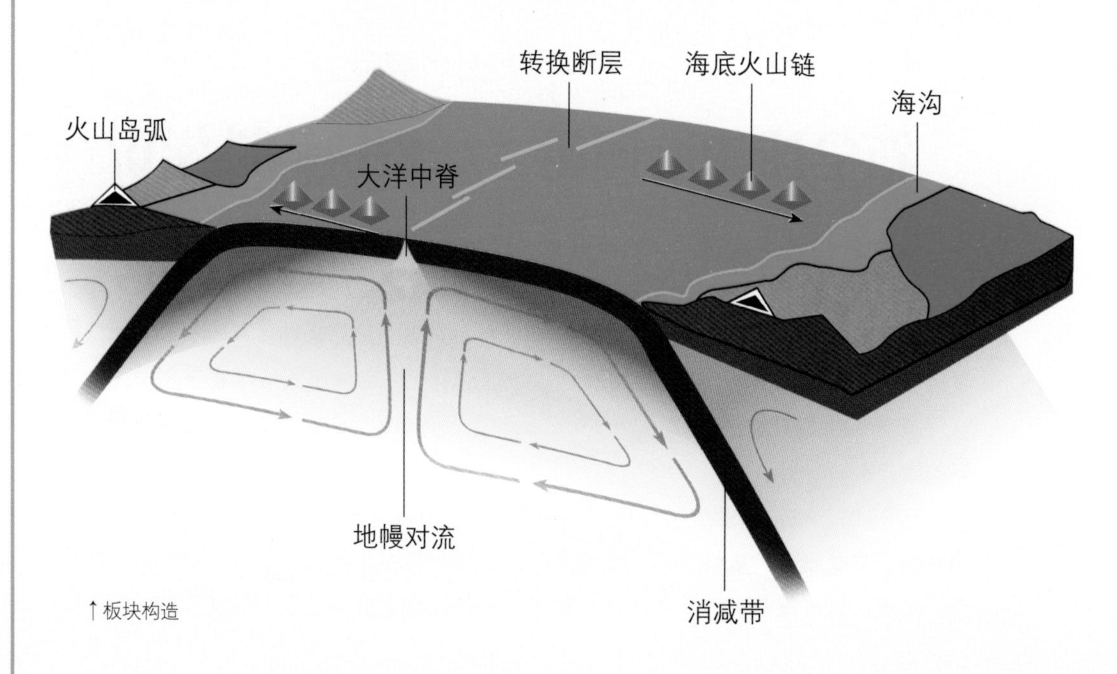

↑板块构造

导致了目前海陆分布的格局、地球表面形态的变化、全球（含洋底）山脉的形成、地震活动、火山活动和构造活动等。

集大陆漂移和海底扩张说为一体的板块构造理论非常成功地解释了几乎所有的地质现象，特别是全球性的构造特征及其形成机理。板块构造学说的兴起，大大动摇了传统的地质学观念，人们长期信奉的固定论观念逐渐被抛弃，一种以活动论为核心的新地球观逐步确立。

沧海桑田之变——"威尔逊旋回"

1960年，中国登山队攀登珠穆朗玛峰时，在这世界第一高峰的沉积岩中发现了大量海洋古生物化石；1975年登山队第二次攀登珠峰时采集了三叶虫、海百合、腕足类生物等海洋古生物化石。这表明在地质历史上喜马拉雅山区曾经是一片汪洋。事实上，在地球的许多地方都可找到这种沧桑巨变的遗迹。那么，沧海桑田之变是如何进行的呢?

↑三叶虫化石

传统的地质学理论认为，沧海桑田之变是由于气候变化或构造变化使海平面升降所致：海平面上升时，桑田变为沧海；海平面下降时，沧海变为桑田。这种沧桑之变强调的是垂向上的变化。

大洋演化的幼年期——红海

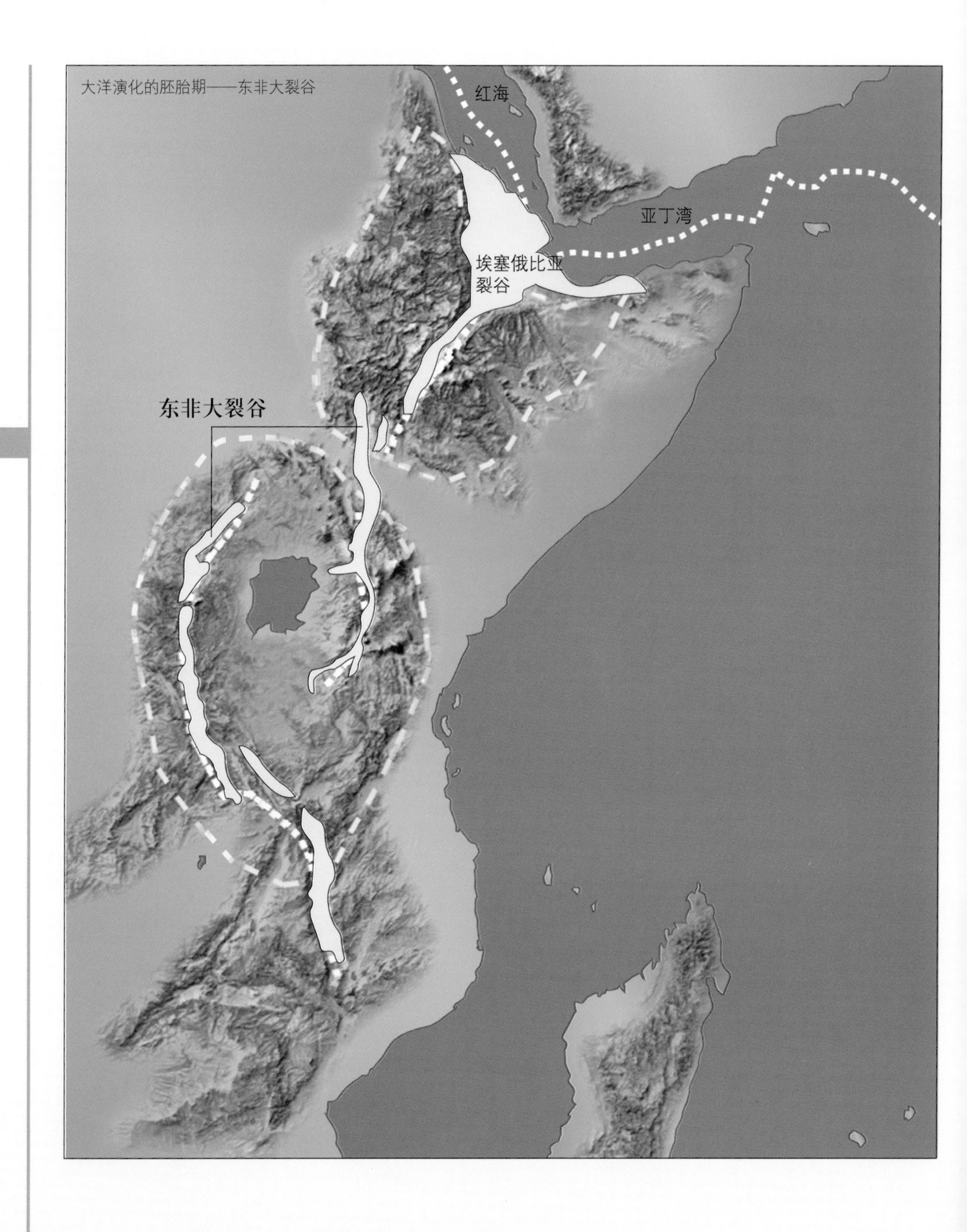
大洋演化的胚胎期——东非大裂谷
红海
亚丁湾
埃塞俄比亚
裂谷
东非大裂谷

板块构造学说并不否认海面垂向上的升降引起的沧桑之变，但这种变化根本无法与板块水平运动导致的沧桑演变相比。板块构造学说认为，大洋的张开（形成）和闭合（消亡）与大陆的分离和拼合是相辅相成的，这正好体现了岩石圈板块从分离、水平扩张到汇聚的运动过程。1973年，威尔逊将大洋盆地的形成和演化过程归纳为六个阶段（时期），形象地概括了大洋从张开（形成）到闭合（消亡）的过程，被人们称为“威尔逊旋回”。

根据板块构造学说，岩石圈在地幔物质拱升作用下会呈穹形隆起，拉长减薄，进而穹窿顶部断裂、陨落，形成谷地，许多谷地彼此连接就形成大致连续的裂谷体系。大陆裂谷就是孕育中的海洋，即大洋形成中的胚胎期，如东非大裂谷。

大陆裂谷的岩石圈在拉张力的作用下完全裂开，地幔物质上涌冷凝成新洋壳，两侧陆块分离并做相背运动，一旦涌进海水，就意味着一个大洋的诞生，并进入大洋发展演化的幼年期，如红海和亚丁湾。

幼年期海洋两侧大陆随着板块的持续运动，相背漂移越来越远，洋底不断展宽，逐渐形成宏伟的大洋中脊体系和开阔的洋盆，这标志着大洋的演化进入成年期，大西洋便是这一阶段的典型。

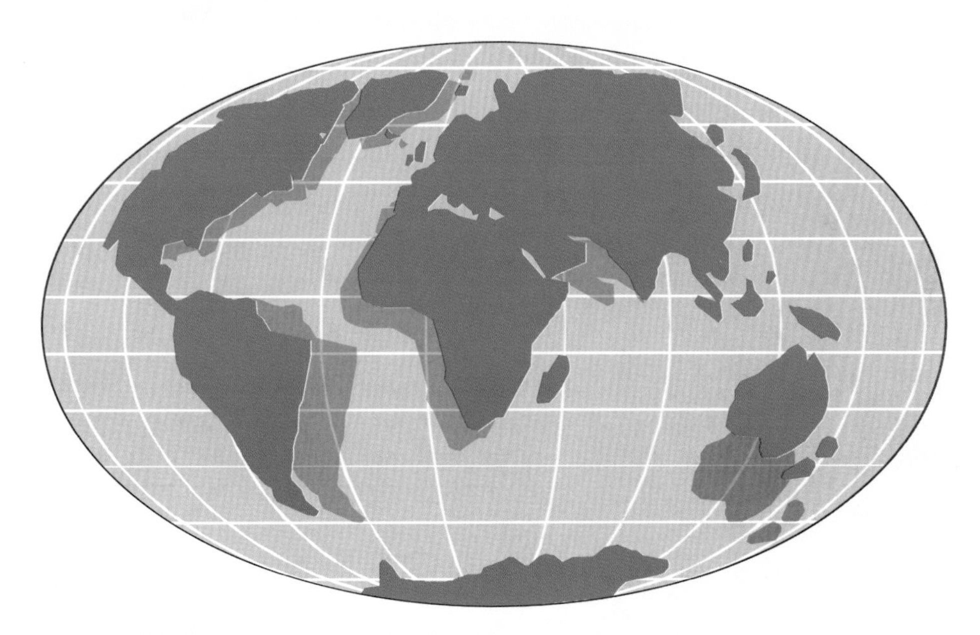

现在的大陆轮廓　　5 000万年后的大陆轮廓

↑预测的5 000万年后世界海陆分布的大致轮廓

随着大洋不断张开展宽，大陆边缘被推离大洋中脊的距离越来越远，大陆边缘岩石圈发生显著沉陷并向下潜没，形成以海沟为标志的俯冲带。当板块俯冲消减量大于其增生量时，洋底面积减小，大洋收缩从而进入衰退期，如太平洋。

随着大洋岩石圈板块俯冲作用的持续进行，两侧大陆逐渐靠近，边缘受挤压开始形成山脉，其间残留狭窄的海盆，说明大洋已经到了终了期（亦称结束阶段）。地中海便处于此阶段，其海盆已相当狭小，北侧欧洲南部发育了阿尔卑斯山脉，西南侧非洲西北部发育了阿特拉斯山脉。

处于终了期的海洋进一步收缩，洋壳俯冲殆尽，两侧陆块拼合碰撞，海盆完全闭合，海水全部退出，大洋就此消亡。当大洋闭合，两侧大陆碰撞时，产生强大的挤压作用，导致岩层褶皱、断裂、混杂、地面隆升、山根沉陷，形成地壳增原的巨大褶皱山系，喜马拉雅山脉即如此。它是在地表遗留下的这一作用过程的痕迹，故称其为大陆演化的遗痕期。由于印度板块与亚欧板块的碰撞和挤压作用，喜马拉雅山脉还在长高。板块的作用一旦停止，喜马拉雅山就会停止生长，风化剥蚀作用成为主要的营力，天长日久，它会变成低山丘陵或高原，甚或平原；如果发育了裂谷体系，就开始了下一个旋回。

“威尔逊旋回”是根据二三亿年以来大洋盆地的形成与演化规律而建立的，它所揭示的大洋开（形成）闭（消亡）与大陆分合的演化模式可能在古老的地质时代就已存在。根据“威尔逊旋回”，亦可展望全球海洋和陆地的演化趋势。

人类赖以生存的地球表面就是由不断分而合、合而分的大陆与不断张开和关闭着的大洋组成的，其实质就是岩石圈板块生成、运移和俯冲潜没活动的表现形式。地球表面的海洋和陆地就是这样处在永不止息的运动变化之中。

↑威尔逊

威尔逊——新全球构造说的先驱

威尔逊，加拿大著名地球物理学家、地质学家，曾任国际大地测量和地球物理联合会主席。他原本是专攻物理学的，因为特别喜欢野外工作而转到地质学领域，但直到

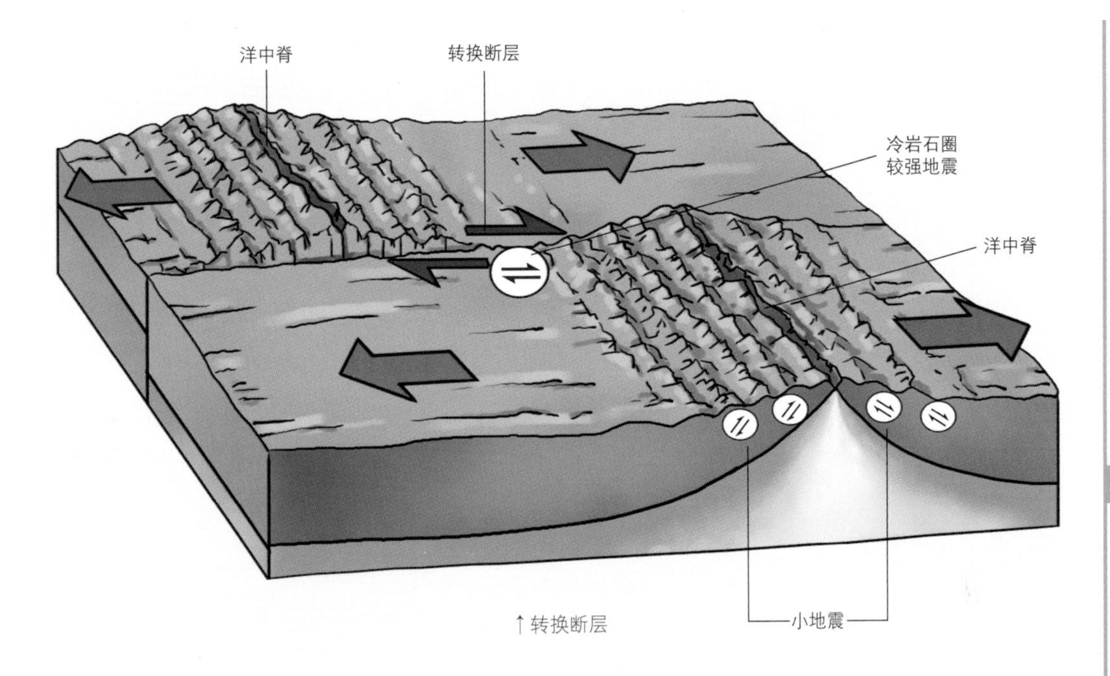

↑转换断层

20世纪50年代，威尔逊都不信仰大陆漂移说。随着海底调查的一系列发现，使他产生了对海底研究的兴趣。他的思维异常活跃，在不同阶段都表现出超人的才干和创造力。海底扩张说提出不久，他就带领多伦多大学的一个科研小组搜集分析了大洋岛屿岩石的年龄资料，给予新学说有力的支持。1965年，他将错断大洋中脊的大断层确认为转换断层，认为这类断层绝非平移断层，而是海底扩张引起的一种新型断层，并在论述转换断层的同时，首次提出了“板块”的概念。同年，他还与瓦因合作，以东北太平洋的磁异常条带为例进一步论证了海底扩张模式。20世纪70年代前后，威尔逊提出了热点假说用以解释海底特殊的火山链（无震海岭的成因）。1973年，这位卓越的地学家提出了大洋开闭与大陆分合相关的“威尔逊旋回”，体现了板块构造学说的精髓。

威尔逊不仅在这场地球科学革命的具体论题上作出了一系列创造性的贡献，同时还在新理论的综合、概括、推广和宣传等方面尽心竭力。1971年曾访问中国，满怀激情地向中国同行们介绍了新学说，这对处于“文化大革命”时期，被禁锢的科学界来说无疑是一次强烈的“地震”，改革开放后，威尔逊当年撒播的板块构造火种很快就燃遍了中国大地。

1975年，为了表彰威尔逊在新全球构造理论的创立和发展中作出的杰出贡献，他被授予国际地学界最高荣誉——卡蒂科学促进奖章。

揭开海底世界的神秘面纱

说海底世界是神秘的，是因为上覆的海水掩盖了海底的面貌，大部分人对海底不了解或知之甚少，于是就有了关于海底世界的种种传说。

现代科学技术的发展，已能从空中、海面和水下多方位、多层面对海底进行多维观测，巨厚的海水不再是人们认识海底世界的屏障，所获资料已能使人类认识海底面貌系统而明晰的轮廓。从海边向大洋中心，可将海底世界分为三大部分：大陆边缘、大洋盆地和大洋中脊。

大陆边缘

大陆边缘是大陆与大洋之间的过渡地带，按照其在全球板块格局中所处的位置，又有稳定型和活动型之分。

稳定型大陆边缘

稳定型大陆边缘位于板块内部，没有现代火山活动，也极少有地震活动，即使偶尔发生与地面断裂有关的地震，强度也不会太大，在地质构造上是稳定的，以大西洋两侧的美洲与欧洲、非洲大陆边缘较为典型，所以也被称为大西洋型大陆边缘。此外，这类大陆边缘也广泛分布在印度洋和北冰洋周围。稳定型大陆边缘由大陆架、大陆坡和大陆隆三部分组成。

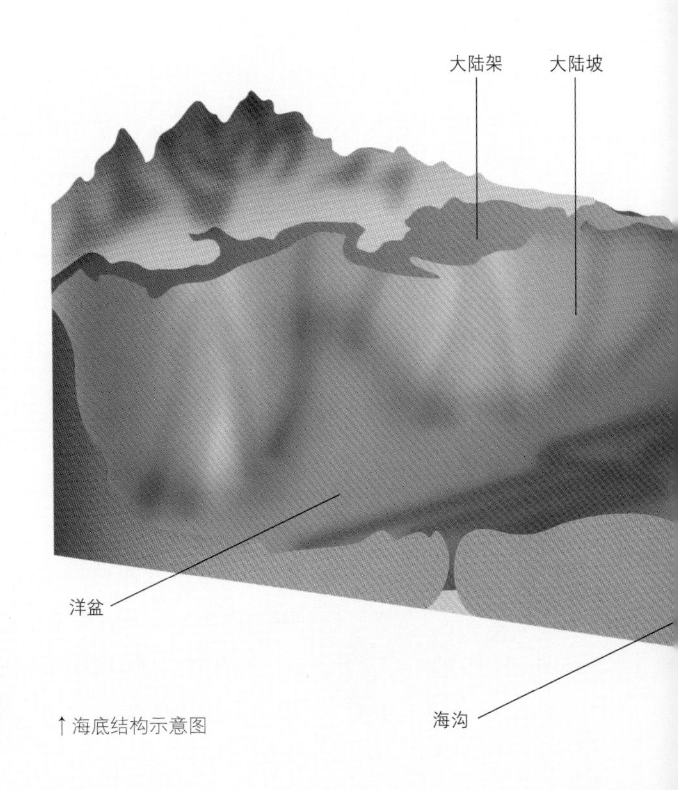

↑海底结构示意图

富饶的大陆架

大陆架简称陆架，也有人称之为大陆棚或大陆浅滩。按照1958年国际海洋法会议通过的《大陆架公约》，大陆

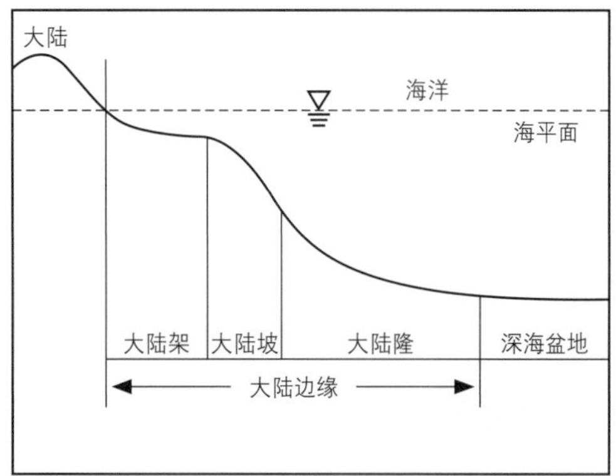

↑稳定型大陆边缘示意图

架是“邻接海岸但在领海范围以外，深度未逾200米或虽逾此限度而上覆水域的深度容许开采其自然资源的海底区域的海床与底土”，以及“临近岛屿与海岸的类似海底区域的海床与底土”。在地理学上，大陆架则是大陆周围被海水淹没的浅水地带，是大陆向海洋底的自然延伸。其范围是从低潮线起以极其平缓的坡度延伸至坡度突然变大的地方为止。

大陆架最邻近大陆，是河流入海物质沉积的主要场所。长期的沉积作用使大陆架海底变得比较平坦，且坡度较缓，平均只有0° 07′。大陆架的宽度和深度在各地差异较大，平均宽度约为75千米，平均深度130米左右，总面积约为2 710万平方千米，占海洋总面积的7.5%。

在漫长的地质历史时期中，大陆架曾屡经沧桑之变。例如，地球上最近的一次气候变冷的冰期期间，全球海平面平均下降130米左右；冰后期气候变暖，海平面又逐渐回

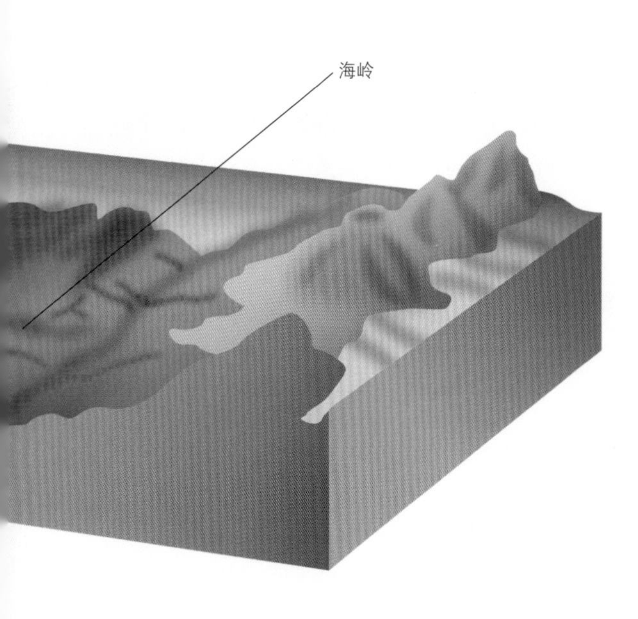

↑渔场

升，距今约6 000万年时，海平面与现代接近；海面下降时，大陆架成为陆地，海面上升后又变为海底。所以说，大陆架是经过陆地和海洋各种作用力交替影响的地区，并留下了这些作用产生的地貌形态，如海岸阶地、低纬度地带的水下河谷和高纬度地带的水下冰川谷、阶梯状平坦面、沙丘、丘状起伏和冰碛滩等。虽长期经沉积物掩埋或改造，其痕迹仍比较明显。另外，还在大陆架的沉积物中发现了大量陆生动植物的遗迹。

大陆架拥有丰富的自然资源，其中首推石油和天然气，其探明储量占全球油气总储量的1/3以上。大陆架区的生物资源也极丰富，世界著名的大渔场都位于大陆架上，其渔业捕获量占世界海洋渔获总量的60%以上。

中国沿海大陆架相当宽广，生物资源和矿物资源也非常丰富。但是，除了渤海为中国内海外，黄海、东海和南海大陆架都存在与邻国复杂的划界和权益之争。中国政府一贯主张在维护大陆架主权的基础上，同有关国家通过友好协商，公平、合理地解决大陆架划界及陆架资源的开发等问题。

广泛发育着海底峡谷的大陆坡

从大陆架外缘向外延伸，海底坡度突然变大，形成一个陡峭的斜坡，这就是大陆坡，它像一条绵长的带子紧紧地环绕在大洋底的周围。各大洋大陆坡的宽度互不相同，从几千米至数百千米，坡度为几度到20多度。全球大陆坡总面积约为2 870万平方千米，约占海洋总面积的9%。

多数大陆坡的表面崎岖不平，其上发育着次一级的地貌形态，主要是海底峡谷和深海平坦面。

海底峡谷是大陆坡最显著的特征。它与陆地上的大峡谷很类似，是陆坡上一种奇特的侵蚀地形，下切深度数百米至上千米，最深达4 400多米，横剖面通常为不规则的"V"形，谷壁陡峭，最陡处可达40° 以上。世界海洋底所有的大陆坡上，几乎都发育有海底峡谷，目前已确认的有数百条。有些海底峡谷规模很大，即使著名的中国雅鲁藏布大峡谷也难以望其项背。

关于海底峡谷的成因目前尚无定论，多数人认为是浊流侵蚀作用造成的。大陆架外缘海底受强大的底层流、风暴潮或地质活动的影响，泥沙等固体物质被搅动，与海水一起形成浑浊泥沙流——浊流（与陆上山区雨季发生的泥石流类似），浊流顺坡而下，日积月累就会切割出大小不等的峡谷。当然，也有个别海底峡谷与陆上入海的大河有关，如哈得孙海底峡谷，它从哈得孙河口开始，经大陆架、大陆坡直至大洋底。

大陆隆——油气资源的远景区

大陆隆又叫做大陆裾或大陆基，是从大陆坡坡麓缓缓向大洋底倾斜的、由沉积物堆积成的扇形地，位于水深2 000~5 000米处。它的上半部靠着大陆坡坡麓，下半部覆盖在大洋底上，只出现于稳定型大陆边缘。

大陆隆表面坡度平缓，沉积物厚度巨大，其沉积作用是在贫氧的底层水中进行的，富含有机质，具备生成油气的条件。人工地震探测表明，富含砂层的大陆隆很可能是海底油气的远景区。

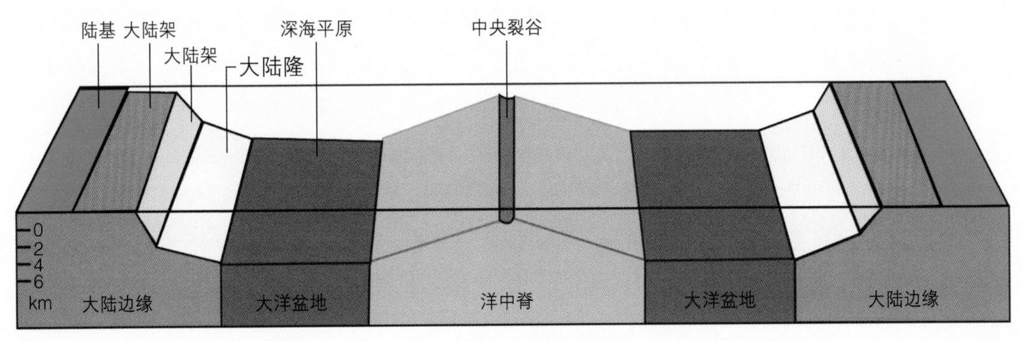

↑大陆隆位置剖面图

活动型大陆边缘

活动型大陆边缘与现代板块的汇聚型边界相一致，构造活动强烈而频繁。这类大陆边缘主要分布在太平洋周边，所以又被称为太平洋型大陆边缘。它也有大陆架和大陆坡，但一般不会发育出大陆隆，其东、西两侧的地貌形态也不尽相同。

孪生三兄弟：海沟–岛弧–弧后盆地体系

在太平洋西侧，自北向南散布着一系列呈弧形排列的岛屿，人们称之为岛弧。有趣的是，在这些岛弧的向洋一侧，往往伴生着一系列与它们相互平行的深邃而狭长的海沟；而在每列岛弧后方（即向陆一侧）还发育着具有深海盆地的边缘海，这些边缘海盆地通常被称为弧后盆地。

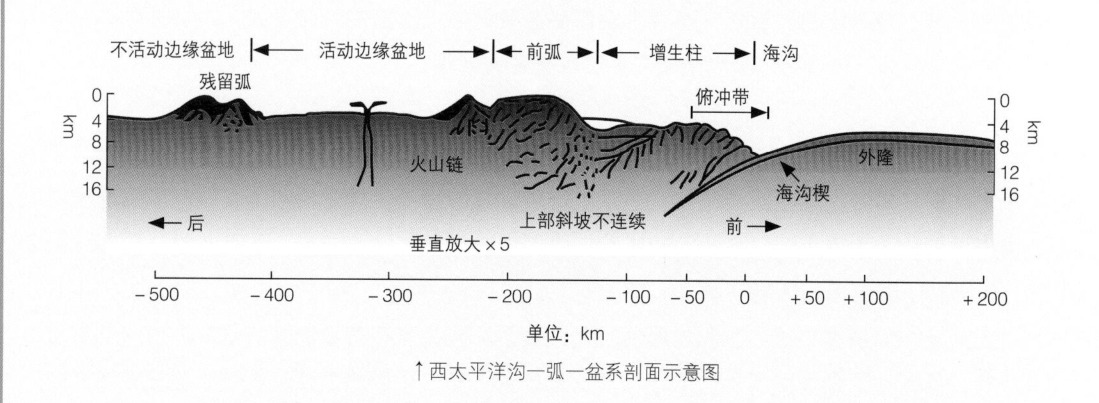

↑西太平洋沟一弧一盆系剖面示意图

海沟、岛弧和弧后盆地都是由于太平洋板块与相邻板块相互作用而形成的。板块间的碰撞、挤压，使太平洋板块向下俯冲，在大洋一侧形成了深度巨大的海沟，大陆侧的板块继续运动使其前缘的表层沉积层因挤压相互叠合在一起，加之板块碰撞导致的火山喷发物质的不断加入，便形成了岛弧；大洋板块持续的俯冲作用还会引起岛弧后方的扩张作用，弧后扩张便形成了具有洋壳的边缘海盆地。因为它们有密切的生成联系，所以是名副其实的孪生三兄弟，从而构成海沟–岛弧–弧后盆地体系，简称沟–弧–盆系，是西太平洋边缘最显著的特点。如日本沟–弧–盆系是指具有生成联系的日本海沟、日本列岛和日本海这个体系；再如邻近中国的琉球沟–弧–盆系是由琉球海沟、琉球岛弧和冲绳海槽组成的体系，只不过冲绳海槽还处在发育的初期，所以不像其他边缘海具有较宽广的深海盆地。

太平洋东缘：高大的陆缘山脉直插深海沟

在太平洋东侧，深邃的海沟与大陆边缘弧形山脉相伴而生，被称为山弧-海沟体系。从中美地峡往南一直到南美洲的南端，高峻陡峭的安第斯山脉直落中美海沟、秘鲁海沟和智利海沟，形成全球高差（15千米以上）最悬殊的地带。

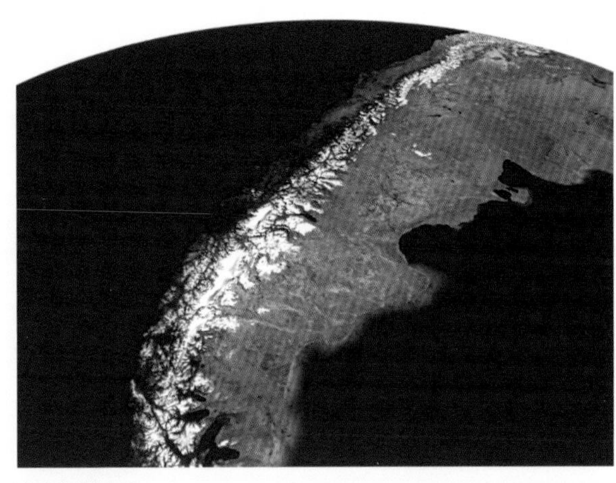
↑安第斯山脉

山弧-海沟体系也是由于大洋板块与大陆板块碰撞，大洋板块向大陆板块之下俯冲而形成的，与西太平洋不同的是缺少边缘海盆地。如果条件成熟，山弧向陆一侧发生张裂，扩张作用也有可能形成弧后盆地。

太平洋周缘：地震、火山和海啸强烈而频繁

在太平洋周缘，不论是沟-弧-盆系还是山弧-海沟体系，其主角都是海沟。海沟长数百至数千千米，宽数十至上百千米，横剖面也呈不对称“V”形，一般是陆侧坡陡而洋侧坡缓。

海底火山喷发

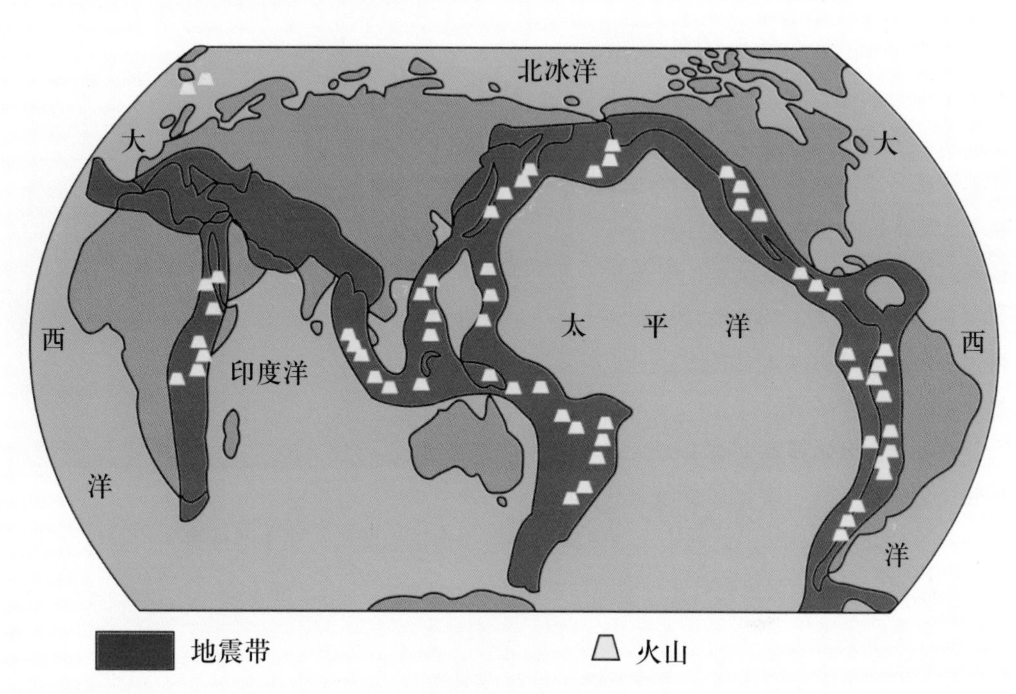

↑全球火山地震带分布图

目前在全球海洋中识别出的深度大于6 000米的海沟有24条，其中21条分布在太平洋，大部分（18条）分布在西太平洋，而深度超过万米的6条海沟全部在西太平洋。

正因为海沟是由于大洋板块的俯冲作用形成的狭长洼地，因而往往作为板块俯冲带的标志。板块的俯冲、碰撞形成了一系列高大的山脉，太平洋东侧的安第斯山脉自不必说，西侧的岛弧实际上就是一系列不连续的海底山脉，弧形列岛是其露出水面的极小部分；板块的碰撞作用还会引发地震和火山活动，所以太平洋大陆边缘最显著的特点是具有强烈而频繁的地震活动带和火山活动带，有环太平洋地震带和太平洋火环之称。

海底地震和火山活动都能引发海啸，尤以海底地震引起的海啸威力最大、破坏性最强。例如，1960年5月21日至6月23日，智利近海连续发生225次不同震级的地震，其中5月22日发生的9.5级地震引发了席卷整个太平洋的超级大海啸，掀起高达30米的巨浪。太平洋沿岸，以蒙特港为中心，南北800千米，几乎被“洗劫一空”。在这次大灾变中，除智利首当其冲外，海啸还以每小时600千米的速度横扫太平洋，侵袭了夏威夷、日本、菲律宾、新西兰、澳大利亚以及阿拉斯加和阿留申群岛。海啸到达日本列岛时，波高仍有6～8米，停泊在港口的渔船被巨浪推到60米的山坡上，日本的本州、北海道等地都遭到了极大的破坏。再如，2011年3月11日在日本东北部近海发生了9.0级地震，引发10米高的海啸，最高波高超过30米，造成13 000余人死亡，15 000多人失踪，近50万人无家可归，经济损失无法估算。更可怕的是海啸导致福岛核电站爆炸，随之而来的核危机令全世界揪心。

世界上最深的海沟——马里亚纳海沟

世界的最高点在珠穆朗玛峰，而最低点则在马里亚纳海沟。马里亚纳海沟位于马里亚纳群岛附近的太平洋海底，海沟大部分水深在8 000米左右，最深处达11 034米，是全球海洋最深的地方。海沟底部在海平面之下的深度，远胜于珠穆朗玛峰在海平面之上的高度，是名副其实的世界最低点。

↓毁灭的瞬间

大洋中脊——全球规模最大的山系

“挑战者”号

19世纪70年代，英国“挑战者”号考察船在进行环球海洋考察时，隐约觉得大西洋洋底的中部似乎要高一些，19世纪末期在铺设海底电缆时，人们发现大西洋洋底中部确实比两侧高出了许多。20世纪20年代，德国“流星”号考察船利用回声探测技术，首先确认了大西洋洋底中部长达1.7万千米的海底山脉。第二次世界大战后，全球规模的大洋测深相继在太平洋、印度洋和北冰洋发现了类似的山脉。1956年，希曾和尤因汇总了世界洋底的地貌资料，明确了洋底存在一条贯穿各大洋的巨大山脉，取名大洋中脊，简称洋中脊或中脊。1967~1969年，希曾和撒普又补充了一些资料，绘制了世界大洋立体地貌图，该图至今仍被全世界广泛应用。

↑大洋中脊分布

大洋中脊的展布特点

大洋中脊全长6.4万千米，顶部水深大都在2 000~3 000米，高出洋盆1 000~3 000米（有的地方露出水面成为岛屿，如大西洋的冰岛、亚速尔群岛，太平洋的复活节岛等），宽数百至数千千米。若从大洋盆地相对隆起的地方（中脊根部）算起，其面积约占洋底总面积的32.8%，是世界上规模最大的环球山系。

↑大西洋中脊

大洋中脊在各大洋的展布各具特点。在大西洋，中脊位居中央，呈“S”形延伸，近似与两岸平行，边坡较陡，被称为大西洋中脊；印度洋中脊也大致位于大洋中部，但分为三支，呈“入”字形展布；在太平洋，中脊偏居东侧且边坡较缓，被称为东太平洋海隆。

大洋中脊的北端在各大洋分别延伸上陆：印度洋中脊北支延展进入亚丁湾，一部分与东非大裂谷相接，另一部分通过红海延伸到西南亚与死海裂谷相通；东太平洋海隆北端通过加利福尼亚湾后潜没于北美大陆西部；大西洋中脊北部延伸至北冰洋的部分成为北冰洋中脊，在勒拿河口进入西伯利亚。太平洋、印度洋和大西洋的中脊在其南端是互相连接的。

大洋中脊表面伤痕累累

大洋中脊的显著特点是它的轴部被一系列正断层构成的断陷谷地切开，留下深1 000~2 000米、宽数十至上百千米、沿整个大洋中脊中央延伸的巨大疤痕，被称作中央裂谷。大洋中脊在构造上并不连续，而是被一系列转换断层形成的裂谷带切断，并错开一定的距离。这些裂谷带与洋中脊和中央裂谷垂直或近似垂直，一般称其为横向大断裂，是洋中脊的另一类伤痕。中央裂谷与横向大断裂纵横交错，洋中脊表面呈现岭谷相间、波状起伏的复杂形态。

大洋中脊的中央裂谷是海底扩张中心和海洋板块诞生的场所，沿裂谷带和转换断层带有广泛的地震活动、火山活动和热液活动。不过，发生在这里的地震活动震源浅、震级小，释放的能量只占全球的5%；火山活动也远不是活动型大陆边缘看到的那种强烈喷发的火山活动，而是沿张裂隙向外缓缓地溢流；但是，在中央裂谷发现的黑烟囱、白烟囱及喷溢出的高温热水，说明洋中脊的热液活动是很强烈的。海底热液活动持续不断地生成多金属硫化物矿床，这是对人类作出的巨大贡献。

大洋盆地：大洋的主体

大洋盆地，简称洋盆，是位于大陆边缘与大洋中脊之间的深海洋底，约占海洋总面积的45%，是大洋的主体。在大洋盆地中，还分布着一些条带状的隆起地形，它们将洋盆进一步分割成许多次一级的海盆。洋盆水深一般为4~6千米，局部可超过6千米。大洋盆地是多金属结核最主要的分布区域。

复杂的地貌形态

大洋盆地的地貌形态复杂多样，有海底高原、深海平原，还有星罗棋布的海山。

海底高原又叫做海台，是近似等轴状的海底隆起区。它的边坡较缓，相对高差不大，顶面宽广呈波状起伏，太平洋的马尼西基海台和大西洋的百慕大海台等都比较典型。

大洋底部相对平坦的区域是深海平原，它的坡度极微小，一般小于千分之一，有些地方甚至小于万分之一。深海平原的表面原来也是起伏不平的，长期的沉积作用把崎岖的基底盖得较为平坦了。

在大洋盆地中还分布着形态各异的海山，它们绝大多数是火山成因的：相对高度小于1 000米者称作海底丘陵（海丘），一般呈圆形或椭圆形，分布比较广泛；相对高度大于1 000米者称为海山，通常具有比较陡峭的斜坡和面积较小的峰顶，成群分布的海山称为海山群，条带状分布的海山称为海山链，顶部较平坦的海山成为平顶海山或平顶山。

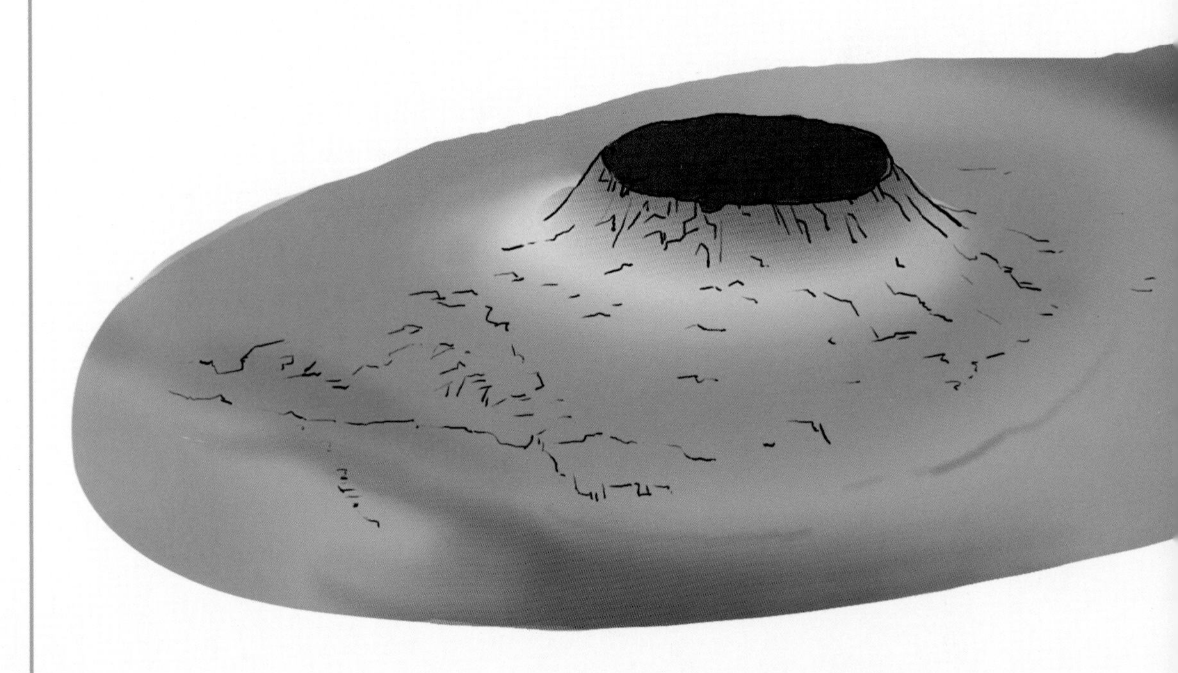

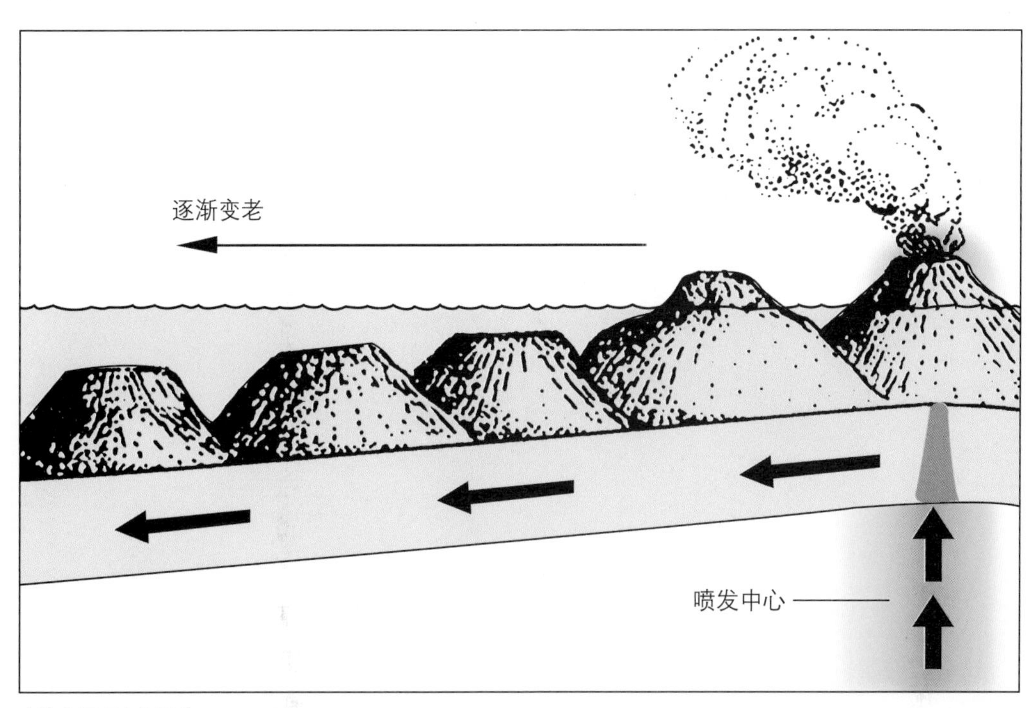

↑海底平顶山的形成

↑海山三维图

海底平顶山的身世

海底平顶山是海底扩张说的创立者之一——赫斯最早发现的。第二次世界大战期间，赫斯被征募服务于海军，在美国“开普”舰上任舰长，长年游弋于太平洋。他在测深的过程中仔细地考察了洋底的地形，从而发现了这种顶部平坦的海山，有些平顶海山顶部还发育了珊瑚礁。为了纪念他的老师盖奥特教授，赫斯将它们命名为“盖奥特”。

战后，赫斯重返普林斯顿大学，缜密研究战时的发现。1946年著文阐明平顶海山实际上就是沉没了的古代岛屿，在地学界曾轰动一时。当时赫斯还只是考虑了地质学上的垂向作用与时间的关系：海底火山露出水面形成岛屿，在海面附近受到海浪的

生长于火山岩上的珊瑚

冲刷侵蚀，其顶部被削平，在海底发生沉降的背景下，经过上千万年就会沉陷到一两千米的深度。

从现代板块构造的观点看，更应该强调水平运动。海底火山一般是在大洋中脊裂谷带产生的，然后随海底扩张发生漂移，离开洋中脊轴部的开始阶段往往继续喷发增长，同时包括海底火山在内的大洋中脊也会随着时间的推移因逐渐冷却而收缩，其表现就是海底沉降。如果火山增长的速度超过海底沉降的速度，大约经过1 000万年，海底火山将升出水面成为火山岛。一般情况下，在洋底地壳年龄达到2 000万~3 000万年时，火山将停止喷发，火山岛也被海浪削蚀成略低于海面的平台。如果条件适宜，珊瑚便会在平台上生长，从而生成珊瑚礁。伴随着持续不断的海底扩张和海底的缓慢沉降，平顶海山距中脊越来越远，沉没水下越来越深。当海底被推移到海沟俯冲带时，平顶海山也随着海底被统统埋葬。

奇特的火山链：无震海岭

在世界洋底，除大洋中脊外，还分布着一些线状延伸数千千米的火山链，其最大特点是几乎不发生地震，所以被称为无震海岭。

无震海岭主要分布在板块内部，地质构造上比较稳定，没有大洋中脊常见的裂谷和转换断层，也极少发生地震。构成海岭的岩石比较复杂，不同于洋中脊的玄武岩。它们呈长条形隆起形态，可绵延1 000~4 500千米，宽250~400千米，高出洋盆2 000~4 000米，顶部起伏不大而两侧斜面较陡，局部露出水面成为大洋岛，如夏威夷群岛就位于夏威夷海岭上。

关于无震海岭是怎样形成的，至今没有统一的说法。不过，威尔逊和摩根提出的“热点火山作用”形成无震海岭的观点比较令人信服。热点是指板块内部现代火山活动的岩浆源地，它位于岩石圈下的地幔深处，相对于运动的板块其位置是固定的。热点处的岩浆上升冲破岩石圈形成火山，先形成的火山随着板块运动移出热点变成了死火山，热点处的岩浆上涌又形成新的火山。如果热点处的火山运动是持续的，而板

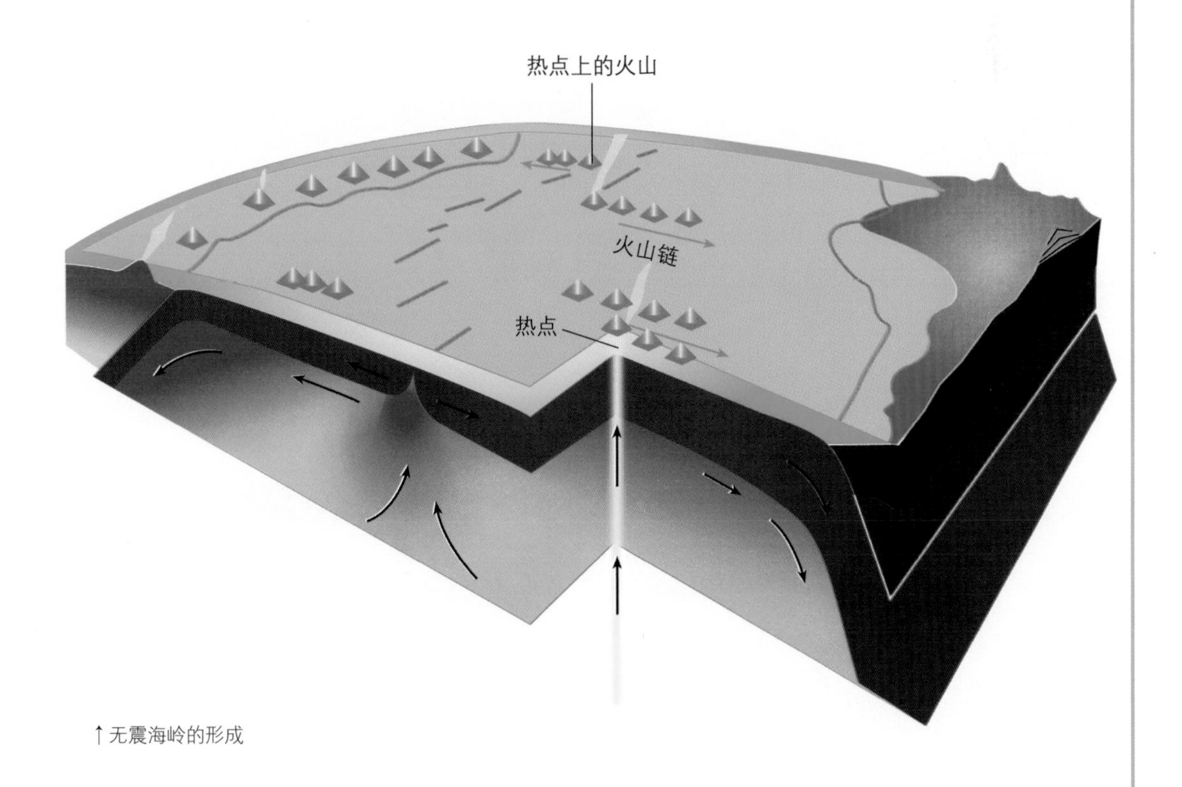

↑无震海岭的形成

块运动又不停地通过热点，这样不断的“推陈出新”，就发育成了由新到老的一串火山链，即无震海岭。对中途岛岩石的化石磁性研究证实，它形成时的位置不是现在所处的北纬28°，而是北纬19°，有趣的是基拉韦厄火山正好就是位于北纬19°上。另外，对夏威夷海岭火山岩年龄的测定表明，自现代活火山往西北，海岭依次由新变老。这不得不让人相信，热点火山作用的“魔浆”造就了这些奇特的无震海岭。

目前，在世界各大洋都识别出了无震海岭，比较典型的有太平洋的夏威夷海岭和天皇海岭，印度洋的东经九十度海岭（沿东经90°南北延伸4 500千米，是发育最长、直线性最强的无震海岭），大西洋的沃尔维斯（鲸鱼）海岭和里奥·格兰德海岭，北冰洋的罗蒙诺索夫海岭等。

↓夏威夷海岭三维图

深海生物

Deep-Sea Creatures

通常，人们认为深海是不需要关注的世界，是一个深坑、一片沙漠和荒地，但我们却在那里发现了令人难以置信的多样生物，它们惊人的适应性是我们尚待探索的课题。

——美国海洋生物专家罗伯特·卡尼

海洋书卷的“甲骨文”——生物化石

海底的世界是一本人类尚未读懂的“神秘之书”，海洋生物化石可以说是这本奇书的“文字”，而且是有着久远历史的“甲骨文”，它们向我们讲述了远古海洋一幕幕惊心动魄的自然故事。

生物化石的诉说

海洋孕育了生命。生物的进化历程表明，地球上的生物起源于海洋。原始的地球，气候极端恶劣，时而电闪雷鸣、大雨滂沱，时而烈日炎炎、热浪腾腾。正是这自然的伟大力量，成为孕育生命的契机。原始海洋中的有机物在自然之力的推动下，经历几亿年的坎坷曲折，从无生命领域跨入有生命的新天地，原始生命在海洋中诞生了。海洋中的原始生命尽管肢体不全，既聋又哑，却是现在色彩斑斓生命的始祖。也正是这些海洋生命的诞生，才创造了地球历史的新篇章！

科学家们通过海洋生物化石，勾画出了海洋生命的伟大进程：大约在38亿年前，当地球的陆地上还是一片荒芜时，在咆哮的海洋中就开始孕育了生命——最原始的细胞。这些单细胞的结构和现代细菌很相似。

大约经过了1亿年的进化，海洋中原始细胞逐渐演变成为原始的单细胞藻类，这就是最原始的生命。由于原始藻类的繁殖并进行光合作用，产生了氧气和二氧化碳，为生命的进化提供了条件。这种原始的单细胞藻类经历了亿万年的进化，产生了原始水母、海绵、三叶虫、鹦鹉螺、蛤类、珊瑚等。4亿年前鱼类出现在海洋中，之后，其中一些爬上陆地；再之后，又有一些进化为翼类动物，从陆地飞向蓝天……

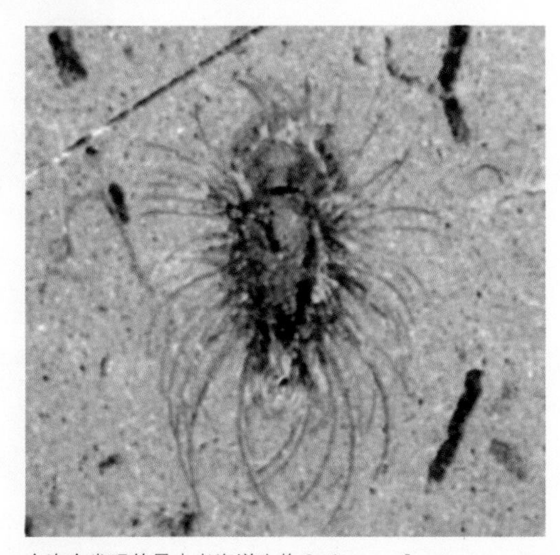

↑迄今发现的最古老海洋生物 Orthrozanclus

名　　称：矛尾鱼
别　　称：拉蒂迈鱼
科　　属：硬骨鱼纲总鳍亚纲腔棘鱼目矛尾鱼科
分布区域：南部非洲东南沿海
体貌特征：有8个肉质的鳍，胸鳍和下侧的第2对鳍特别发达，尾鳍呈矛状
食物来源：肉食性，以乌贼和鱼类为主
捕猎方式：冲刺方式捕食

名　　称：三叶虫
科　　属：节肢动物门 三叶虫纲
生存年代： 距今5.6亿年至2.4亿年前
分布区域：哥伦比亚、美国纽约州、中国、德国
体貌特征：椭圆形，头部被两条背沟纵分为三叶
生活习性：浅海底栖爬行
食物来源：低等的软体动物

名　　称：鹦鹉螺
绰　　号：海洋中的活化石 、优雅的漂浮者、无脊椎动物中的“拉蒂迈鱼”
科　　属：软体动物门 头足纲
分布区域：西南太平洋热带海区
体貌特征：螺旋状外壳，壳面光滑，呈灰白色，具有红褐色的斑纹
生活习性：底栖动物，平时多在100米的深水底层用腕部匍匐而行
食物来源：主要为三叶虫、海蝎子等

适者生存——深海生物的特征

减压有方

长期在高压的环境中生存，深海生物的身体结构也发生了相应的变化。它们的身体有着特殊的结构，海水可以渗透到细胞中，使体内的压力与外部海水的压力平衡。

海底的压力有多大

海洋深处是个高压的世界，水深每增加10米，压力就增加1个大气压，也就是说，越往深处，海水压力越大。举例来说，世界上最低点——马里亚纳海沟最深处达11 034米，不难算出那里的压力几乎达1 100个大气压。

饿不死的深海生物

深海的食物十分有限，可是神奇的深海生物却练就了一身“忍饥挨饿”的能力。多数深海生物依靠从上层可接触到阳光的海洋生物遗落下来的有机物为食，其他则有的依靠海底的硫黄、甲烷或分解石油的细菌为生，有的用鲸鱼等动物骨头为食或靠其他令人难以置信的方式生存。

↑食骨蠕虫

我们这个星球的特点是受海洋主宰的，海洋汇集生物的种类多于陆地。

——美国海洋学家西尔维娅·厄尔

海底总动员——深海生物圈

海底是阳光照射不到的地方，于是人类早早地给它戴上生命禁区的帽子，直到1860年在地中海海底电缆上发现附着生活的单体珊瑚，深海生物才走入了人们的视线。20世纪60年代以来，人类对深海生物圈的研究取得了重大进展。

与浅海不同，深海生物的种类和数量比较贫乏，但是在深海依然可以找到许多大的生物类群的影子。深海生物的数量分布与海底的食物来源有密切关系，与大陆架相邻的深海和高生产力区的海底，底栖生物比较丰富。

绝大部分深海动物以有机碎屑为食，属于碎食性动物，只有少量纯肉食性动物。在漫长的进化过程中，深海动物衍生出一套适应性特征：它们的视觉向两极分化，有的为了适应微弱光线，视觉器官显著发达，而有的视觉器官完全退化；它们的摄食器官更加有效，有的长有大口，有的长有巨牙，有的还有一套“钓具”；它们繁殖方式很特殊，产卵数量少但体积大，能在短时间内发育为成体……

海底小精灵——奇特的深海生物

人们对神秘的海底世界充满了无限遐想，于是在动画的世界里，海底成为大家竞相描写的地方。《海底小精灵》正是这样一部儿童动画片，它讲述了一群依靠长在头顶的出气孔呼吸的小精灵与其他海洋生物和平相处、快乐生活的故事。

然而，现实的海底还真有这么一群海底小精灵。这群可爱的小精灵生活在大海的深处，个头或大或小，有着各种各样的肤色。正是它们，使得寂静的海底变得生机勃勃。

深海的特殊环境迫使小精灵各显神通，它们的生活习性、外观特征都有着不同于陆地、浅水动物的显著特点。

有些动物身体中央生有空囊，因此整个动物有的呈圆筒形（海参），有的呈伞形（水母），有些身体呈两辐射对称（海葵）。它们没有呼吸与排泄器官，主要依靠细胞表面从水中获得氧气并把二氧化碳等废物直接排入水中，或者排入消化循环腔内再由口排出。

海底软体动物有着柔软的身体和坚硬的外壳，身体藏在壳中以获得保护。由于硬壳会妨碍活动，所以它们的行动都相当缓慢。这类生物呼吸用的鳃生于外套与身体间的腔内。鹦鹉螺便是它们的典型代表。

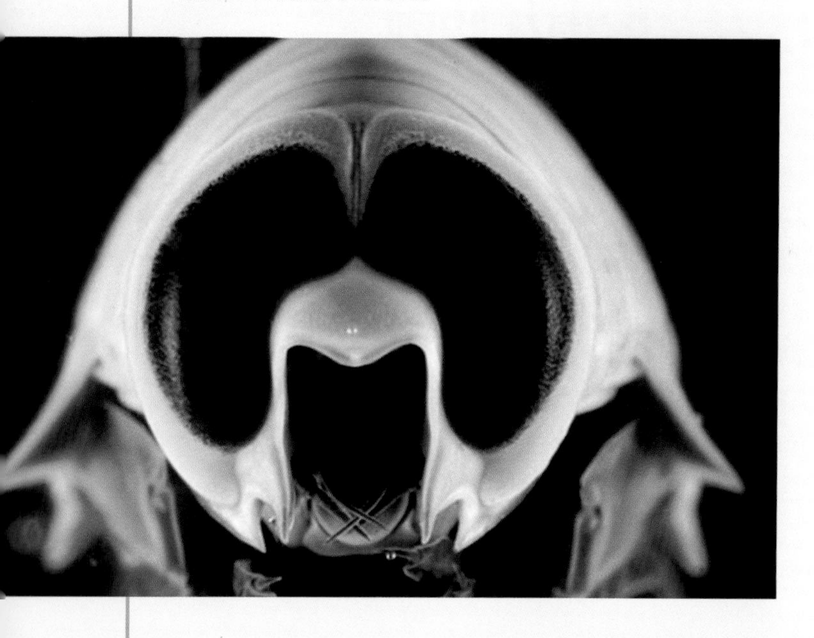

在2006年“澳大利亚深海研究”项目所拍摄的一张图片中，一只深海片脚类动物正在瞪着珊瑚海中的一部遥控相机的镜头。这类生物生活于水面之下1 600多米深的海中，它们的甲壳抗压能力是陆地甲壳动物的140倍。

海参——不可貌相

海参是一种“表里不一”的生物：虽然貌不惊人，营养价值却不同寻常。它是海洋生物界的“逃跑大师”，遇到敌害时，坚持“走为上策”，还可以从肛门排出内脏，以迷惑敌害而乘机逃遁，当然这些内脏是可再生的。

深海的海参有什么特异功能吗？科学家们在北墨西哥湾水面以下2 750米处的深海发现一种奇特海参，它靠分解海底石油获取有机物质为生。也许在不久的将来，这种神奇的海底生物可以在处理海洋石油污染中大显神威呢！

↑发光水母

水母——大洋奇葩

蓝色的世界，一个又一个降落伞漂浮而来。这不是101空降师，不是克里特空降战，而是大洋中的水母。

水母是一种腔肠动物，我们熟悉的海蜇便是水母的一种。这种生物通过收缩起自己伞的边缘，由此产生后涌的水流来推动身体前进。值得注意的是，水母是一种古老的海洋生物，6.5亿年前便已漂荡在大洋中，比恐龙还要早。

你听说过会发光的水母吗？科学家们在深海发现了它，这种水母形状奇异，遍体发光，堪称水母世界的“非主流”。

海葵——美丽的杀手

初见海葵的人，必然会被它们的艳丽所折服。它们天生丽质，被冠以“海底菊花”的美誉。而且这花不会凋谢，可以说是“身在大海，四季花开”。可是，美丽的外表里却暗藏着杀机。这些海底之花最吸引人的莫过于它们的“花瓣”——触手，也正是这些“花瓣”，成为海葵立足海底的“撒手锏”。海葵触手上长有毒刺，鱼类不经意触碰到这些触手，立即会被毒刺螫伤，失去反抗能力，任由海葵吞食。

海葵是腔肠动物大家族的一员，与水母、珊瑚相比虽然形态迥异，却是远方表亲。

海葵与小丑鱼——杀手和保镖

即使长有毒刺，海葵也有自己的朋友，小丑鱼便是能与海葵和平相处的海底生灵之一。

小丑鱼色彩鲜艳，可以把其他鱼引向海葵，被引来的鱼一定想不到会“偷鱼不成反蚀条命”。作为报答，海葵会为小丑鱼提供保护，并为它清除身上的寄生虫。

↓海葵与小丑鱼

深海鱼类——生命的奇迹

深海鱼类家族庞大，分属十多个科，包括鼠尾鳕科、巨口鱼科、褶胸鱼科等。它们的普遍特征是口大、眼大，身体某一或某几部分有发光器。发光器既用于诱捕猎物，也用于引诱配偶。深海鱼类在进化过程中的生存环境压力极大——极寒冷并极黑暗，它们便形成了上述特征。由于深海中的竞争不如岸边或浅海中那么激烈，许多原始类群才得以存活至今。最重要的深海鱼类群有深海垂钓鱼、蝰鱼及毛口鱼。

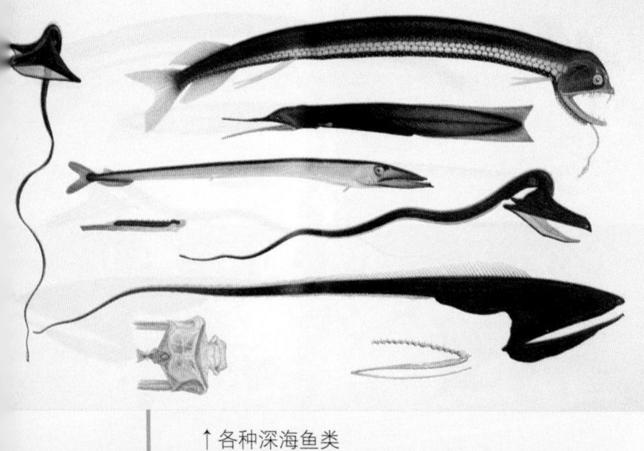

↑各种深海鱼类

↑蝰鱼

发光的鱼

在我们的印象中，海底是幽暗无光的。可是你知道吗，海底也有“灯泡”。生活在海洋深处的鱼类，怎样在极其暗淡的光线下识别同类、寻找配偶和觅食呢？ 原来，许多鱼都像萤火虫那样有着发光的本领，它们依靠自身发光器发出各色光。这种发光器非常精巧，有一些具有反光透镜的作用；还有一些具有发光的胶质，可以发出荧光。

靠着这些亮光，它们可以在同一鱼类中互相传递信息、寻找同伴或是吸引异性，并诱骗其他鱼类以获取食物，或者用以摆脱捕食者。因此，发光是深海鱼类生存和繁衍的重要手段之一。

蝰鱼是一种具代表性的深海发光鱼。这种鱼身体细长，体侧、背部、胸部、腹部和尾部均有发光器，真称得上“耀眼明星”啊。它外形怪诞，牙齿非常大，嘴里无法装下，只能将其暴露出来，显出一副十分可怕的样子。它游动时速度很快，能够飞速地冲向猎物，然后将牙齿像钉子一样深深地插入猎物的身体，牢牢地咬住猎物。

↑吞鳗

大嘴的鱼

深海中有一种奇特的鱼——吞鳗，铁铲似的嘴占据了身体的大部分，也被称为鹈鹕鳗、伞口吞噬鳗。吞鳗能够在残酷的海底环境中生存下来，原因就在于它的大嘴。

深海的食物不如海面丰富，为了避免饿肚子，生活在海底的一些鱼会尽可能吞下碰到的海底生物，即使猎物体形很大。这样，大嘴的鱼生存下来了，嘴不够大的鱼或者被大鱼吞掉，或者因食物不足而饿死。物竞天择，适者生存，这是自然法则。

尖牙利齿的海底鱼类

海底的食物得来不易，为了防止到嘴的猎物逃脱，海底生物进化出一套尖牙利齿。尖牙鱼就是其中一种。

尖牙鱼是一种长着骇人脸庞的深海暗杀者，同时也是海底最深处的居民之一。它们生活在水深5 000米以上海底的黑暗环境里，因长有尖利的牙齿而得名。它们嘴巴里左右两颗最大的牙齿简直大得出奇，以致上帝不得不在其脑袋左右各留出一个“插槽”，以便其大嘴能够合上。它们牙齿与身体的比例可能是海洋鱼类中最大的，甚至一些体型较它大的鱼也成了其“盘中餐”。超大号的尖牙配上肌肉发达的下颚，看起来确实颇具威胁性。可怕的外表让它得到“食人魔鱼”的恐怖名字。尽管有凶猛的外表，但它们对人类的危害很小甚至没有，因为它们实在太小了，其体长只能长到15厘米左右。

深海探索——勇敢者的游戏

每到一处，我们都会有出乎意料的发现。刚开始普查的时候曾有人认为，海底深处一片荒芜，那里不会有活着的东西。但这种说法显然是错误的。

——海洋科学家罗奥·奥多尔

黑暗中的舞者——没有阳光，依然灿烂

你知道吗？深海海底并不是无生命的沙漠，那里也有绿洲。

1977年，美国“阿尔文”号深潜器在东太平洋隆起的脊轴上发现喷涌着热水的海底热液，看上去很像冒着烟的“烟囱”。更为神奇的是，这些“烟囱”周围居然活跃着一些奇特的生物！这些“黑暗中的舞者”所处的环境极端恶劣：黑暗、高温、高压。环境有多暗？一年四季不见阳光。温度有多高？烟囱附近温度高达300℃。压力有多大？265个大气压，足以把坦克压扁。

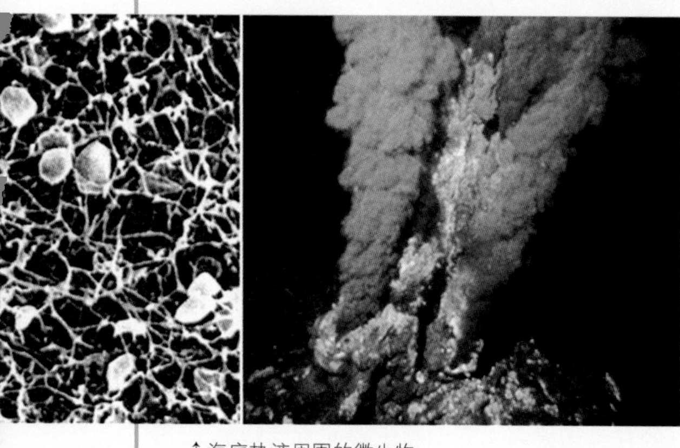
↑海底热液周围的微生物

这是一个奇异的生命世界，这里有不时开闭的蛤类、爬来爬去的蟹、西瓜大小的海蚌、跳来跳去的海虾，还有各种微生物。

此后，科学家们相继在印度洋、大西洋的中脊和红海等地发现了这种围绕“烟囱”的生物群落。

微生物

深海没有太阳光，所以不会有生物在那里通过光合作用产生有机物。热液生物能够生存完全是依靠初级生产者——化学自营细菌。黑烟囱喷出的热液里富含硫化氢，这样的环境会吸引大量的细菌聚集，并能够使硫化氢与氧作用，产生能量及有机物质，形

成“化学自营”现象。这类细菌会吸引一些滤食生物，或者是形成能与细菌共生的无脊椎动物共生体，以氧化硫化氢为营生来源，一个以化学自营细菌为初级生产者的生态系便形成了。

庞贝蠕虫

很多电脑用户受到过蠕虫病毒的攻击，病毒发作时会在屏幕上出现一条长长的虫子，胡乱吞吃屏幕上的字母。现实中的蠕虫有什么特别之处呢?

海底热液附近生活着一种毛茸茸的生物——庞贝蠕虫。不要小看这些软体动物，它们可是水火不伤、百毒不侵。蠕虫经常活动区域的中心水温高达105℃，即使蠕虫隐居的管内温度也有81℃，它们是地球上最耐高温的动物之一。此外，热液附近海水中有高浓度的有毒硫化物和重金属元素，庞贝蠕虫可以安然存活下来，抗毒能力真是不一般。

庞贝蠕虫有一些朝夕相伴的朋友——一种丝状细菌，这些细菌依附在蠕虫的背部，蠕虫为细菌提供培养基并保持细菌周围的水得以更新，并以细菌的分泌物为食。它们用分泌物从“烟囱”的岩基上筑起一条细长的管子，就像珊瑚虫一样，身体就蛰居在里面，有时也会爬出管居而在四周游荡。

管状蠕虫

“烟囱”周围有一群神奇的生物，而管状蠕虫将这种神奇演绎得淋漓尽致。管状蠕虫体长3米，上红下白，没有眼睛，靠身体顶端口器进食。远远望去，管状蠕虫像一根插在海底的软管。它们身软心不软，在高温高压的极端环境下，顽强地生存下来。

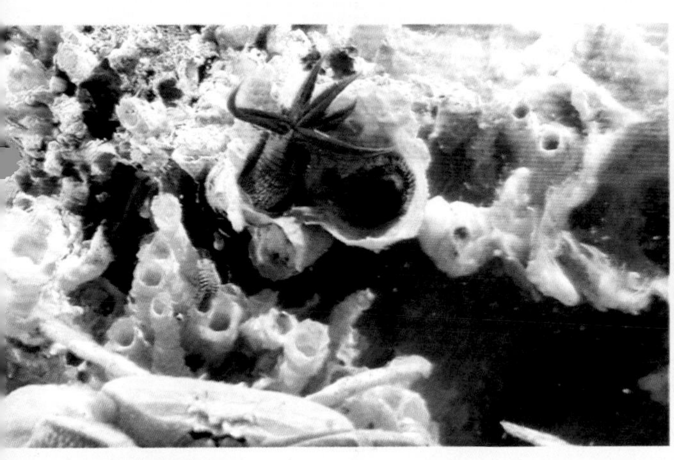

↑管状蠕虫

中国造访海底部落

这是中国首次对深海热液及其生物群落进行调查研究。科考队员获得了活跃于“烟囱”周围的多种生物样品——海虾、螃蟹、海葵、藤壶、珊瑚等，得到了许多新的生物基因资源。中国勇士们完成了对海底极端环境生物重点调查的预定目标，在此基础上还有新的突破：实现了中国在国际海底区域工作向三大洋的迈进，完成了对中国自主研制海底科考装备的试验和验收。

这次大洋考察成果显著：获取了三大洋目标区海底热液口附近的硫化物、沉积物以及生物和其他样品；初步考察了某些海底区域内的热液硫化物的资源分布状况；推动了大洋科学研究的发展：通过地质、化学、生物等多学科交叉手段，获取热液喷口的矿物成分、流体化学性质及生

中国造访海底部落

2005年4月2日，中国科考船“大洋一”号从青岛港始航，开始了为期297天的环球大洋科考。这是自郑和下西洋以来的又一伟大壮举，是一次举世瞩目的远航，是中国历史上首次环球大洋科学考察，是中国海洋事业发展史上的里程碑！

↓“大洋一”号科学考察船

物组成等一手资料，从而更好地认识了热液；特别重要的是通过对深海热液喷口附近极端环境生物的调查研究，寻找到新的生物基因资源。

意义非凡

人类对深海热液生物群落的研究意义重大。研究成果表明，地球上有两类生物群落及其相对生物链：一类生活在阳光下，依靠地外能源（太阳能）支持，通过光合作用生存下来；一类隐匿于黑暗的环境中，依靠地内能量（地热能）支持，通过化合作用维持生命。这为物种起源和生物进化描绘了新的蓝图，为人类进一步解读生命密码开启了新的大门，也为新能源的开发开拓了新路径。

怪物海沟——海底的“热带雨林”

在美国加州蒙特雷外海，有一座藏在海底的峡谷，最深处超过3 000米。那里阳光永远无法到达，那里游弋的海洋生物全部奇形怪状，那里就是怪物海沟！为了了解深海生态，海洋生物学家依靠遥控潜航器深入这片幽暗的水世界，发现了仿若来自外太空的生物：它们会伪装，会发光，还会给自己“盖房子”。

怪物海沟就像海底的“热带雨林”。在那里，有鱼类、贝类、软体动物、蠕虫、珊瑚，还有许多种类的微生物；不同种类的海洋生物都能找到自己的生活空间和生活方式。

“水蜗牛”——莨

乍一看去，这就是“脱壳”的蜗牛，莨和陆地上的蜗牛似乎没有太大区别，由于见不到阳光，它的身体已经完全透明，成为深海中独特的“水蜗牛”。因为生活在深海中，要应付强大的洋流，“水蜗牛”要保证有足够的浮力，因此那沉重的“蜗牛壳”完全退化了。另外，长期的水中生活使它们进化出了肌肉发达的鳍，那其实是连成一片的小触须。“水蜗牛”和陆地蜗牛最大的区别在于眼睛，因为没有阳光，莨的眼睛特别发达，两只“巨大”的眼睛突出在身体外，捕捉一切细微光线，观察所有经过的猎食对象。

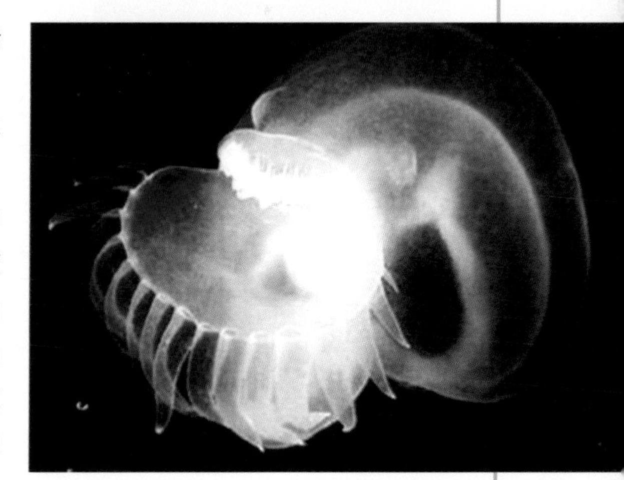

↑莨

獠　牙

它们是海虾“终结者”，它们是完美的杀戮机器，它们的名字叫“獠牙”。这种鱼有巨大的眼睛，可以让自己在幽暗的海水下看清周围的一切。半透明的身子和巨大的下颌及牙齿也是典型的对深海环境的适应。“獠牙”主要的食物是虾，偶尔也吃比自己小的鱼。它们的长度一般是10～12厘米。

鹤嘴鳗鱼

“鹤嘴鳗鱼”像仙鹤一样有长脖子和长嘴，在嘴里面有密集的细小的牙齿。它们的主要捕食对象是小虾，长脖子和长嘴保证了捕食的灵活和准确。

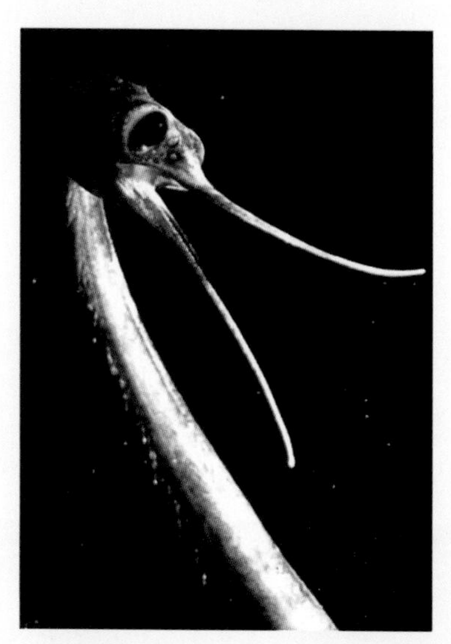

↑鹤嘴鳗鱼

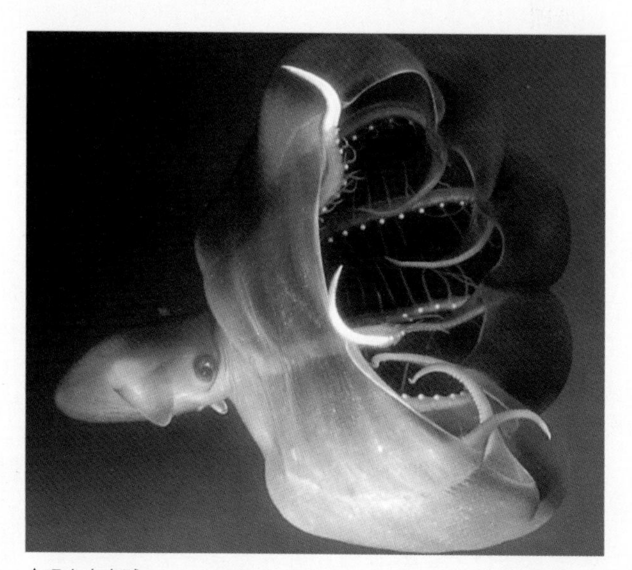

↑吸血鬼乌贼

吸血鬼乌贼

柏拉姆·斯托克的小说《德拉库拉》问世以来，吸血鬼几乎成为西方世界中恐怖的代名词，他们以吸食血液为生，又惧怕阳光。海洋深处就有一种奇特的乌贼以此为名。

吸血鬼乌贼别称幽灵蛸，是一种发光的生物，身体上覆盖着发光器官，这使得它们能随心所欲地把自己点亮和隐蔽。当熄灭发光器时，它们在自己所生存的黑暗环境中就完全不可见了。吸血鬼乌贼游泳的速度非常快，最快每秒可游两个身长，而且可以在起动后5秒内达到这个速度。如果面临危险，它能连续来几个急转弯以摆脱敌人。

国际海洋生物普查

你知道对海底生物也有普查么?

为期10年的“国际海洋生物普查计划”由联合国、各国政府和私人动物保护组织共同资助，这一项目负责记录海洋生物种类，从2001年开始实施。

这项工程耗资近6亿美元，动用了全球半数大型考察船和潜水器，其中包括当今世界上造价最高的考察船——德国的“北斗星”号。共有82个国家和地区的2 000多名科学家参与，其中专门参加深海普查项目的科学家有344名，来自34个国家。在深海进行科学考察有相当大的难度且耗资巨大，需要使用深海拖曳式摄影机、声纳设备等，运转一天就要花费5万美元。

2010年10月发布的考察报告称，已在深海发现17 650种生物，在水深1 000米以上的深海中发现5 722种生物。这些生物形态各异，生活方式也十分新奇。下面让我们一起领略它们的神奇，它们的精彩。

这不是 “小飞象”吗?

这是一种神奇的八足动物，身长2米，长着类似大象耳朵的鳍状物，外形酷似迪士尼动画片中的卡通形象“小飞象”，被科学家昵称为“小飞象”。

侏罗纪虾

据研究，这种生物早在5 000万年前就已灭绝，如今却在澳大利亚东北部的珊瑚海底发现了它，这就是海底世界的神奇!

肩章鲨

你听说过用鳍走路的鲨鱼吗，深海中的肩章鲨就是这样一种特别怪异的生物。肩章鲨因头部附近有两个类似肩章的大圆点而得名。它们生活在海底，平时大部分时间用鳍在海底行走，遇到危险时才会游动。

基瓦多毛生物

在复活岛附近，科学家发现了一种非常奇特的生物，不得不将其列入新的生物种属。这种生物被命名为“基瓦多毛生物”，因为它们身上长满了毛，而基瓦则是波利尼亚的水生贝类的庇护女神。

蜘蛛蟹

《蜘蛛侠》的影迷们注意了，海底也有“蜘蛛侠”。这种南极海域发现的蜘蛛蟹是不是带来了全新的感受?

海底矿藏

Seabed Minerals

海底是一个巨大的矿藏宝库，那里几乎有陆上存在的所有矿藏种类，许多陆上稀缺的资源在海底也是储量丰富，而且像可燃冰这种新型能源更是海底独有。在资源日益紧张的今天，海底这片几未开发的处女地对于人类的未来更是显得无比重要。

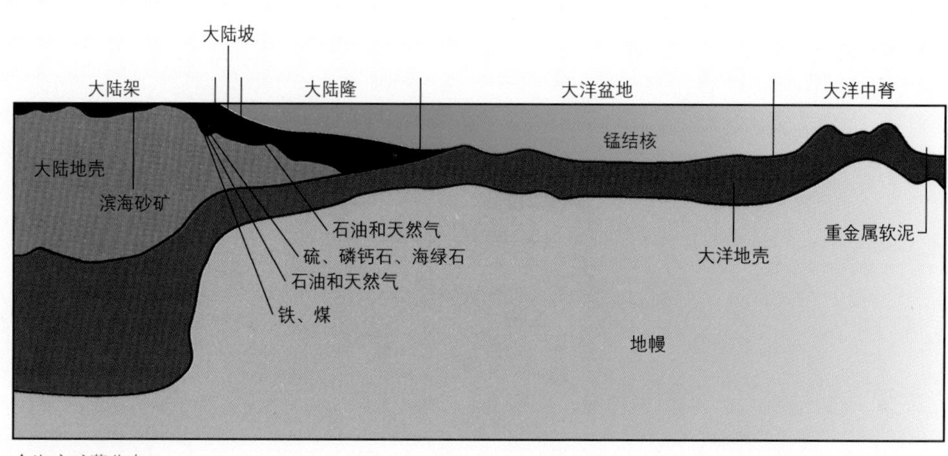

↑海底矿藏分布

龙宫寻宝

在中国古代神话传说中，龙宫是藏珍集宝之地，现实中的海底也是巨大的矿物资源宝库。按照矿物资源形成的海洋环境和分布特征，主要有滨海砂矿、海底固结岩层中的矿藏、海底石油和天然气、磷钙石和海绿石、大洋多金属结核和富钴结壳、海底热液矿、天然气水合物等。

滨海砂矿

群“英”荟萃的滨海宝地

先来看一组数据吧：世界上96%的锆石、80%的独居石、30%的钛铁矿都来自同一矿源——滨海砂矿。滨海地带真是宝地，这里蕴藏着大量的砂矿。一个滨海砂矿往往以一种或几种矿物为主，并伴有其他若干有用矿物，其中不乏稀有金属和宝石矿物。

中国的滨海砂矿

中国的海岸线漫长，入海河流从陆上带来大量岩矿碎屑，在海岸带水动力的反复作用下，不同密度的矿物在不同的滨海地貌部位富集起来而形成砂矿。中国滨海砂矿储量十分丰富，已探明具有工业价值或储量的主要有锆石、锡石、独居石、钛铁矿、磷钇矿、金红石、砂金和石英砂等；滨海砂矿矿床190余处，矿点130余处，总储量达16亿吨。中国的滨海砂矿不仅储量大而且品种全，已发现60多种矿物，已开发利用的有十几个矿种，主要集中在辽东半岛、山东半岛、福建、广东和海南岛的滨海地带。

海底固结岩层中的矿藏

海底固结岩层中的矿产，大多属于陆上矿床向海下的延伸。目前世界上已有10多个国家在100多个矿区开采海底固结岩层中的矿藏，但主要是储量较大的硫矿、煤矿和铁矿，或者是市场上较紧缺、经济价值较高的锡、镍、铜、汞、金、银、钨等金属矿产。

细说硫矿

硫矿常储存在盐丘顶部。当盐丘穿过上覆沉积物缓缓向上移动时，逐渐接近水层，盐开始溶解，硫酸钙因难以溶解而保存下来，再经过生物作用和化学作用释出钙和氧，从而形成了硫矿。美国对硫矿比较重视，濒临墨西哥湾的路易斯安那州已在开采这种资源。

↑晶体硫

↑无晶硫

硫矿物最主要的用途是生产硫酸和硫黄。硫酸是耗硫大户，而化肥消费量占硫酸总量的70%以上。除用于制造化学肥料外，硫酸还用于制作苯酚、硫酸钾等90多种化工产品；轻工业、纺织、冶金、石油工业以及医药业等都离不开硫酸。

硫黄除作为生产硫酸的原料之外，还广泛用来生产化工产品，如硫化铜、焦亚硫酸钠等。另外，食糖生产、农药生产、黏胶纤维生产都与硫黄息息相关。

海底煤炭

煤是重要能源，也是冶金、化学工业的重要原料。对于那些陆上煤资源贫乏的国家和地区来说，煤绝对是“黑色的金子”。在海底采煤的国家和地区主要有英国、日本、智利、加拿大和中国台湾省。例如，英国目前开采的海底煤矿有14个；日本正在开采的海底煤田有4处，年产量占其煤炭总产量的30%~40%。

中国在渤海东部莱州湾也发现一个海底煤田，它是山东半岛北部的龙口煤田向渤海的延伸部分。山东省对龙口煤田延伸至海域部分进行扩大开采的论证最早始于1989年，开采工程于2001年正式启动。海底采煤首次采用综采放顶煤技术，在世界上尚属首次。中国人用实践展示了海下采煤的水平，海底隆隆的采煤声终结了中国无法开采海底煤炭的历史，巨龙在腾飞。

海底石油和天然气资源

石油和天然气是成分复杂的碳氢化合物的混合物，在自然界中以液态存在的称为石油，以气态存在的称为天然气。

石油和天然气是遍及世界各大洲大陆架的矿产资源。尤其石油，是最重要的传统海洋矿产资源，被称为“工业的血液”。据报告，全球已探明的海洋石油储量为11 376亿桶，天然气储量为155万亿立方米。海底油气资源主要分布在大陆架、大陆坡和边缘海盆地。

“胜利6”号海上钻井平台

中国是世界上大陆架最宽广的国家之一，总面积达100多万平方千米，还有90多万平方千米的大陆坡和南海中的多个沉积盆地。据统计，中国海洋石油总资源量在500亿吨以上，海洋天然气可超过20亿立方米。

海底油气的成因

海底油气藏的形成包括油气的生成、运移和储集等一系列复杂过程。

海底沉积物内富含有机残余物，这些有机碎屑随同泥沙沉到海底后，富含有机物的细粒沉积在缺氧的环境下化学性质发生转变。微生物活动是这种转变的主要因素之一。石油生成需要50℃以上的温度、一定的压力和漫长的时间，所以海洋石油往往产自海底之下数千米的地层中。

沉积岩内生成的烃类，经过运移进入多孔粗粒的沉积层或有孔隙和裂隙的岩层内聚集。这类孔隙性储集层多属于海退或海侵期的滨海相、河流相或生物礁相沉

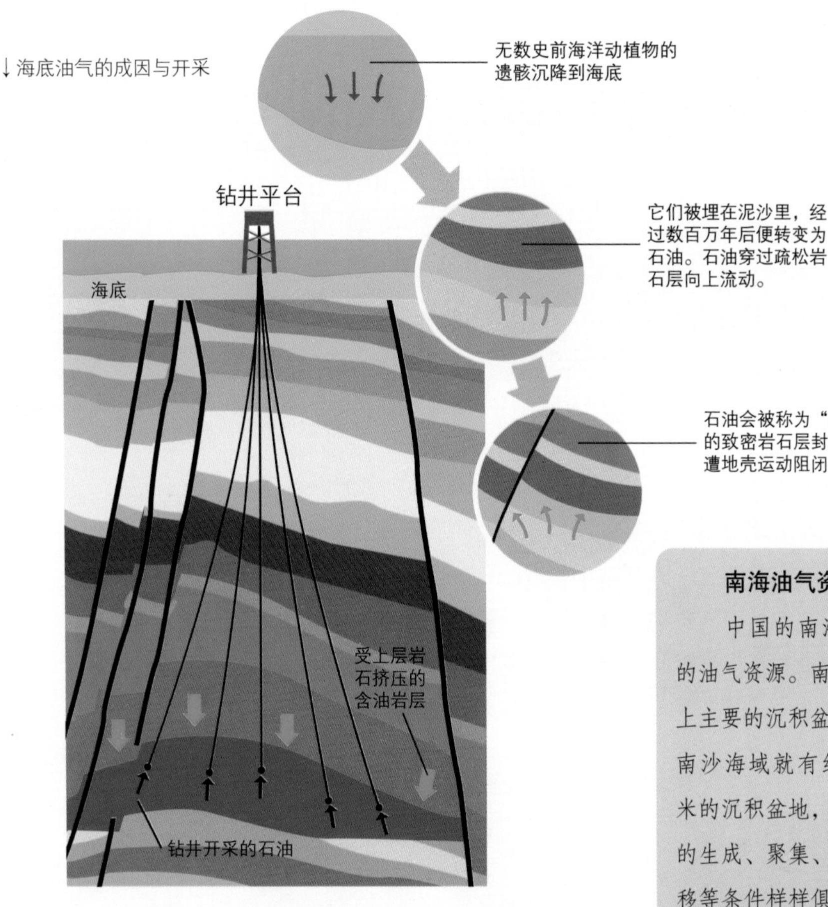

积。粗粒沉积物还可能被海洋浊流带到海底形成浊积岩，与细粒富含有机物的生油岩间互成层，形成良好的生油、储油和盖层组合。

石油与天然气只有聚集在具有封闭条件的各种类型圈闭内才能形成油气藏。海底油气藏的圈闭类型大多属于穹窿背斜构造，其次为由断层活动形成的滚动背斜或倾斜断块构造，深海扇、浊积砂、沿岸砂坝、河道砂和三角洲形成的地层-岩性圈闭等。一般情况下，天然气聚集在含油气构造的顶部，中部为油环，水体留在低处。

南海油气资源

中国的南海蕴藏着丰富的油气资源。南海海盆是世界上主要的沉积盆地之一，其中南沙海域就有约41万平方千米的沉积盆地，形成石油所需的生成、聚集、盖层保护和运移等条件样样俱佳，更难得的是，众多的成油条件在此形成了最佳匹配。据专家预测，南沙海域的石油资源量约为351亿吨，天然气资源量为8万亿~10万亿立方米，其中曾母、沙巴、万安、巴拉望和礼乐等盆地的资源量尤其丰富，整个南沙海域蕴藏的油气资源至少价值1万亿美元。

琳琅满目——潜力巨大的海底自生矿物

海底自生矿物是由化学、生物和热液作用等在海洋内生成的自然矿物，可直接形成或经过富集后形成，如磷钙石、海绿石、重晶石、大洋多金属结核和富钴结壳以及海底多金属（以锌、铜、钴、镍为主）硫化物热液矿床等。

磷钙石又称磷灰石或磷钙土，是一种富含磷的海洋自生磷酸盐矿物，是制造磷肥、生产纯磷和磷酸的重要原料。有些磷钙石还伴生有含量较高的铀、铈、镧等金属元素，技术条件允许时可综合利用。

海底磷钙石的形态有结核状、沙粒状和泥状，以磷钙石结核最重要。磷钙石结核是一些大小各异、形状多样、颜色不同的块体，直径一般几厘米，最大者可达五六十

↑海绿石

↑重晶石

厘米。海底磷钙石按产地可分为大陆边缘磷钙石和大洋磷钙石：前者主要分布在水深几十米至数百米的大陆架和大陆坡上部，常与泥沙和含有砾石的海绿石沉积混合在一起；后者主要分布于西太平洋海山区，往往与富钴结壳相伴生。据统计，海底磷钙石达数千亿吨，1/10即可满足全世界几百年之需。

海绿石是一种在海底生成的含水的钾、铁、铝硅酸盐自生矿物，一般呈浅绿、黄绿或深绿色，可以用做制造钾肥的原料，也可以从中提取钾，或用做净化剂、玻璃染色剂和绝热材料。

海绿石常常与有孔虫和其他钙质有机体混合在一起，成为多孔有机物的间隙物质，或者以交代碳酸盐的形式存在。沉积物中的海绿石大多是一些粉砂大小的颗粒（直径大多不足1毫米），在显微镜下呈粒状、球状、裂片状或其他复杂的形状。海绿石的分布范围变化很大，从水深30～3 000米的海底都有发现，但多数集中分布在水深100～500米的大陆架和大陆坡上部。

多金属结核

人类认识多金属结核的时间并不长。

1873年2月18日，英国“挑战者”号调查船在进行环球科学考察时，偶然发现了一种类似鹅卵石的硬块。这是人类第一次接触多金属结核。

大约过了10年的时间，在1882年，英国爵士约·雷默和地质学家雷纳教授才较为系统地对这些样品进行分析研究，发表了研究报告。因为这种黑色硬块的主要金属元素是锰，便把它正式命名为“锰结核”。

对多金属结核的研究开发并没有引起人们的注意，直到1959年，美国科学家约翰·梅罗才较为认真并系统地分析了多金属结核的化学成分和储量，多金属结核才开始从深海走向人们的视野。

1961年，苏联“勇士”号海洋考察船在印度洋的深海海底发现了数量颇为丰富的多金属结核，多金属结核日益受到国际社会的关注。

↑多金属结核

深海寻“锰”

多金属结核又被称为深海锰结核、锰矿球、锰矿瘤，发现之初被称为铁锰结核，是一种呈现黑色或褐色的铁锰氧化物和氢氧化物的集合体。海底多金属结核的形状各异，有些形如土豆，有的形似花生，有的呈葡萄状，还有的像生姜。多金属结核的大小尺寸变化也比较悬殊，从几微米到几十厘米的都有，常见的为0.5~25厘米；重量大的有几十千克，最重的达数百千克。大部分结核都有一个或多个核心，核心的成分有的是岩石或矿物的碎屑，有的是生物遗骸；围绕核心生成同心状金属层壳结核，铜、钴、镍、钼等多种金属元素就赋存于铁锰氧化物层中。

多金属结核的成因是个复杂的问题，至今未有公认的见解。多金属结核一般分布于水深4 000~6 000米的大洋底，主要含有具有工业价值的铜、镍、钴、锰、钼，还含有50余

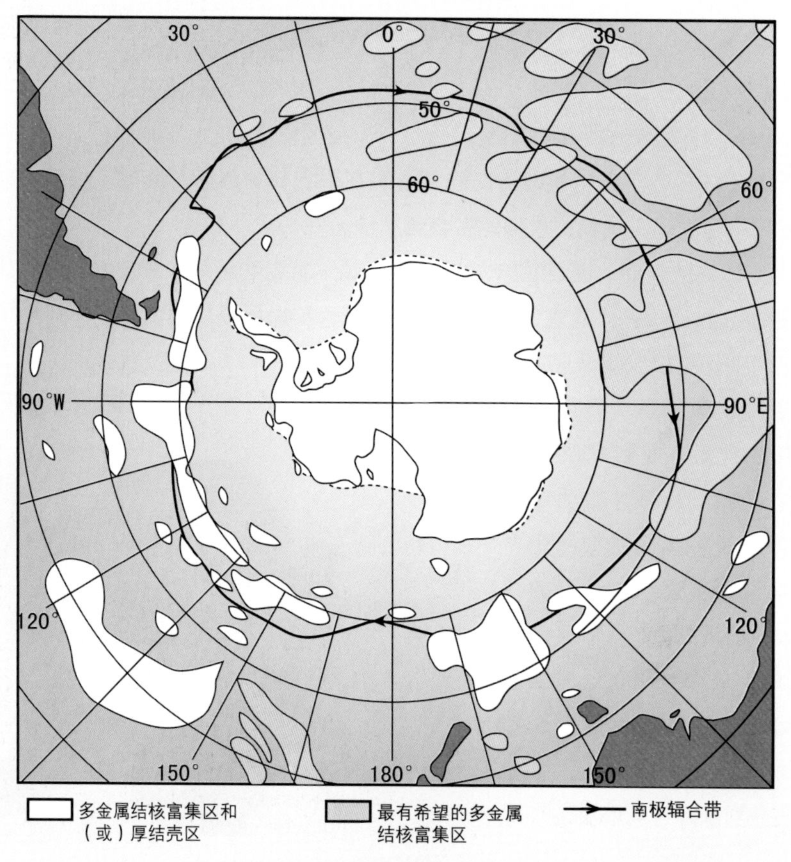

↑南大洋多金属结核分布

种其他元素，含量较高的分散元素和放射性元素主要有铍、铈、锗、铌、铀、镭和钍等。人们估计，世界大洋多金属结核矿的总储量可达3万亿吨，仅在太平洋就有1.7万亿吨。

根据世界洋底的构造地貌特征及多金属结核的成分及其含量，在全球洋底划分出15个多金属结核富集区，其中8个位于太平洋。东北太平洋克拉里昂与克里帕顿断裂带之间的C-C区（北纬7°~15°，西经114°~158°，因为上述两地名的英文首字母均为C，故称为C-C区），多金属结核丰度高达每平方米30千克，铜、钴、镍的总品位一般大于3%，是最具有开发价值的海区。中国已于1991年5月成为世界上第五个具有先驱投资者资格的国家，在C-C区获得了15万平方千米的多金属资源开辟区。1991~1999年中国先后进行了9个航次的勘察，最终在东太平洋C-C区圈定了7.5万平方千米作为中国21世纪的深海多金属结核矿区。根据国际海底管理局的规定，中国在该矿区具有专属勘探权，并在今后商业开采成熟时，享有对这一区域开采多金属结核的优先权。这标志着中国已在国际海底区域为21世纪经济的可持续发展争得了一处“战略金属资源基地”。

多金属结核所富含的金属，可广泛地应用于现代社会的各个方面。例如，钴是战略物资，主要用于制造合金，钴基合金在航天领域中有重要地位。钴具有磁性，在磁性材料上的优势很明显。由于具有放射性，钴还可用来制造核武器。钴在电镀、玻璃、染色、医药医疗等方面也有广泛应用。锰可用于制造锰钢，锰钢极为坚硬，能抗冲击、耐磨损，大量用于制造坦克、钢轨、粉碎机等。镍主要用于合金，当今航空航天技术中应用最广泛的合金便是镍基合金。具有抗腐蚀性的镍还被用来制造货币，镀在其他金属上可以防止生锈。

↑锰合金

小金属，大威力——锰的作用

在实验室里，二氧化锰常被用做催化剂。锰还有另一用途，制造合金钢——锰钢。

锰钢的脾气很古怪，如果在钢中加入13％以上的锰，那么它就变成真正的“猛”钢——坚韧无比。锰钢的这种特性被用于军事领域，用高锰钢制造钢盔、坦克钢甲、穿甲弹的弹头等，为我们的国防建设作出了巨大贡献。

锰钢的体质很特别，不像其他金属，它的电阻随温度改变很小，因此，锰钢往往被用来制造精密的电学仪器。

钴的作用

钴是战略物资，备受世界各国重视。富钴结壳所含金属(主要是钴、锰和镍)用于钢材可增加硬度、强度和抗蚀性等性能。在工业化国家，约1/4～1/2的钴消耗量用于航天工业，生产超合金。这些金属也在化工和高新技术产业中用于生产光电电池和太阳电池、超导体、高级激光系统、催化剂、燃料电池和强力磁以及切削工具等产品。

富钴结壳

富钴结壳又称锰结壳、铁锰结壳，是一种生长在海底硬质基岩上的富含钴、锰、铂等多金属元素的皮壳状铁锰氧化物和氢氧化物的沉积，其中钴的含量特别高，通常被称为富钴结壳。富钴结壳大多呈层壳状，少数包裹岩块、砾石，呈不规则球状、块状、盘状、板状和瘤壳状。结壳厚度不大，一般0.5~15厘米，平均2厘米左右。结壳的颜色多数呈黑色或黑褐色，内部有平行纹层构造，反映其生长过程的环境变化。

富钴结壳含有钴、锰、铁、镍、铅、铜、钛、铂、钼、铬、铍、钒等几十种金属元素，其中钴含量高达2%，比多金属结核中钴平均含量高3~5倍。

富钴结壳一般产于海山、海岭和海底台地的顶部斜坡区，通常以坡度不大、基岩长期裸露、缺乏沉积物或沉积层很薄的部位最富集。从地理分布看，它们局限于赤道附近的低纬度区，以中太平洋海山区最富集，在印度洋和大西洋的局部海区也有发现。

多金属热液矿物

海底多金属热液矿是富含铜、铅、锌、金、银、锰、铁等多种金属元素的新型海底矿产资源，常与海底扩张中的热液活动相伴生。海底热液矿有两种类型：一种是层状重金属泥，以红海最为典型，称为“红海型”；另一种是块状多金属硫化物，主要形成于大洋中脊的裂谷带，称为“洋中脊型”，前面提到的“阿尔文”号发现的奇景，正是这类块状多金属硫化物的生成地。

海底热液活动并不都形成“烟囱”。早在20世纪60年代，科学家就在红海发现了许多异常现象：海水的温度和盐度偏高，有些地方的海水可达40℃左右，被称为“热卤水池”。这些海域也往往是重金属泥的富集区。红海重金属泥主要含黄铁矿、黄铜矿、闪锌矿和方铅矿等金属硫化物，其中富含铁、锰、铜、锌、镍、钴、铅、铬、银、金、钼、钒、钡、锶等金属元素。红海重金属泥是海底热液沿扩张中心缓慢活动的产物，在红海中央裂谷带已发现20余个“热卤水池”和重金属富集区，据估计，金属储量在1亿吨以上。

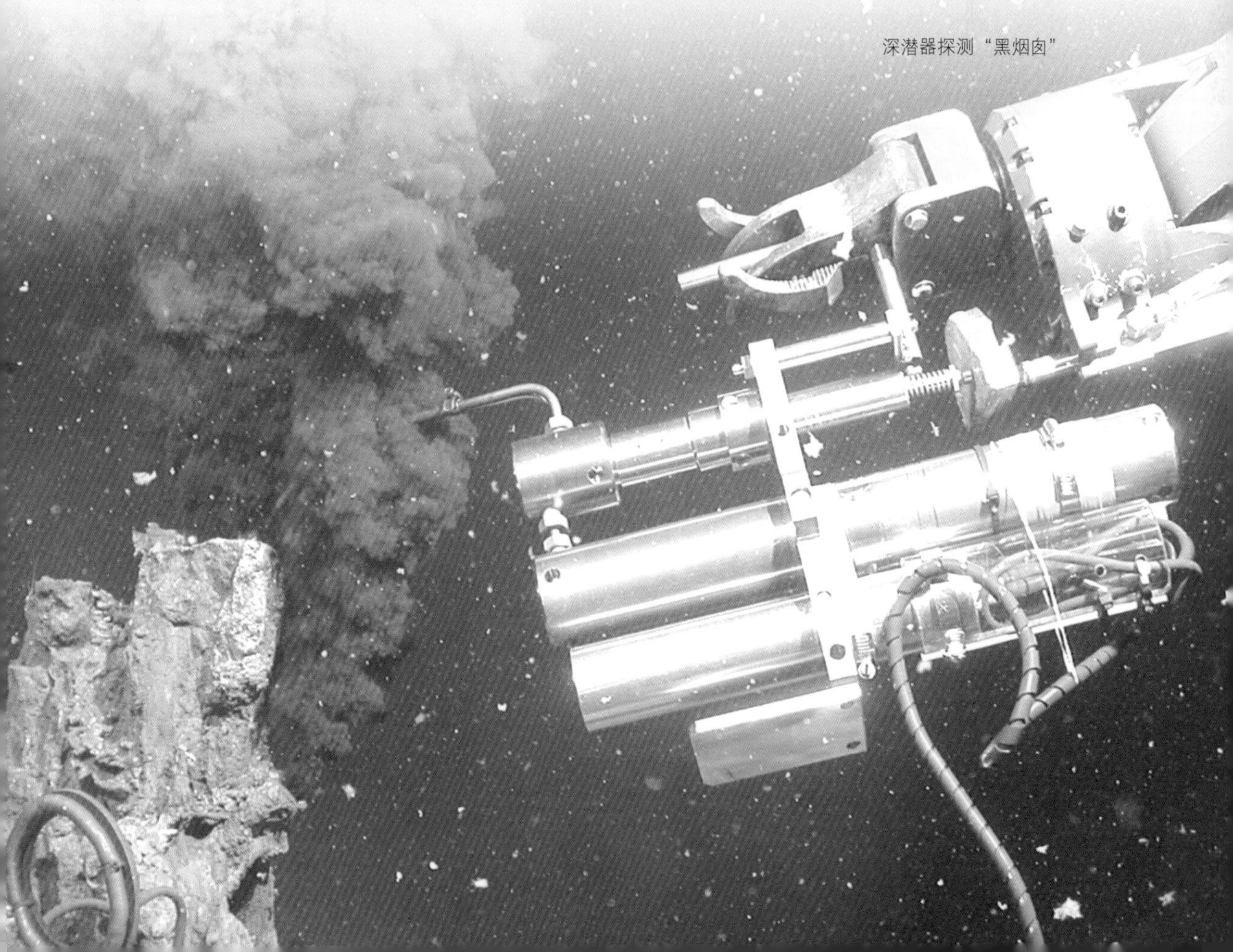

深潜器探测“黑烟囱”

块状多金属硫化物形成于大洋中脊轴部的裂谷带。这里是板块扩张型边界，在扩张力作用下裂谷带新洋壳存在许多张性断裂或缝隙，海水沿这些断裂或缝隙向下渗透，被地球深处热能加热，形成具有强溶蚀能力的高温（可达350℃~400℃）热液。高温热液在洋壳内循环上涌的过程中，从洋壳玄武岩中淋滤出多种金属元素，当这些富含金属元素的热液喷涌至海底时，物理化学条件发生了很大变化，特别是与冷海水相遇后，矿物质会快速结晶、析出，使热液中含有大量矿物颗粒，在热液喷口持续溢出时就像

海底“工厂”

1977年的一天，美国“阿尔文”号深潜器在东太平洋加拉帕戈斯群岛附近海底考察。三名科考队员在裂谷底部，看到了令人惊叹的一幕：热气腾腾，烟雾缭绕，烟囱林立，仿佛一个海底工厂。继续考察发现，烟囱也不一样，有的冒黑烟，有的冒白烟，有的不冒烟，而有的已经坍塌。

↓多金属热液原理

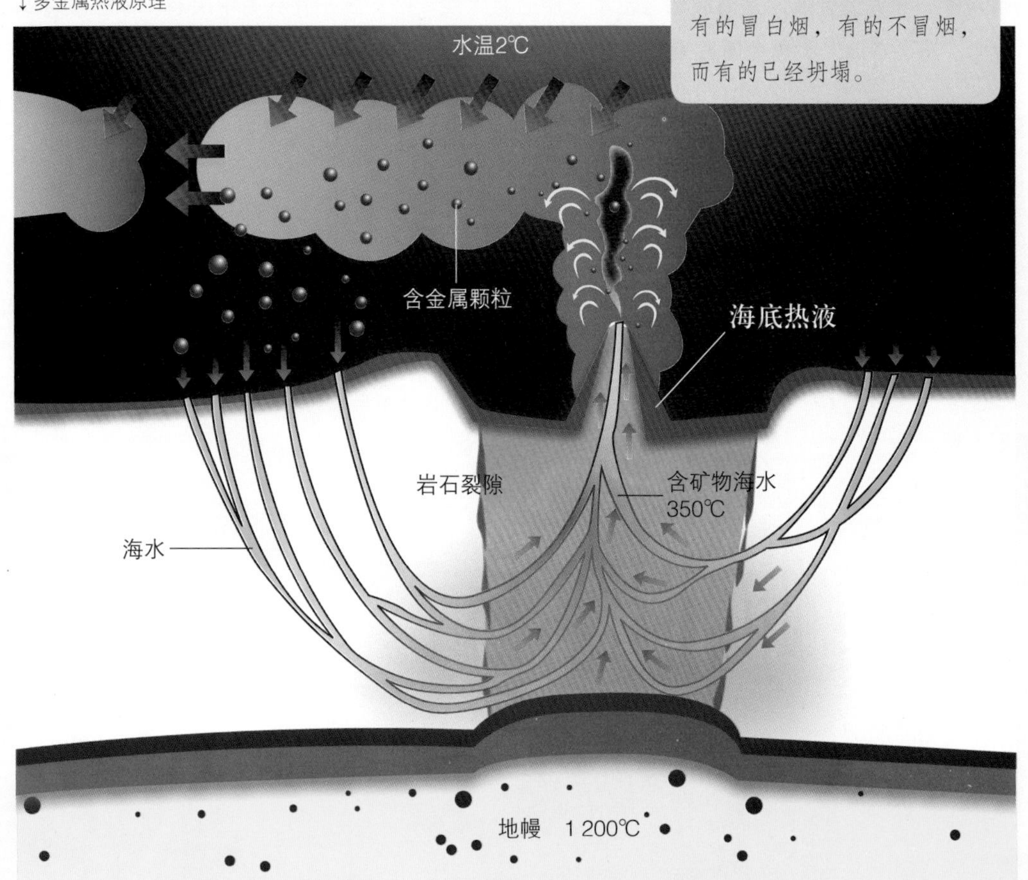

冒着滚滚浓烟的烟囱。如果喷溢的热液中主要含有黄铁矿、黄铜矿、闪锌矿等金属硫化物时，因其颜色发黑发暗，而被称为“黑烟囱”；如果喷出的热液中所含矿物质主要是蛋白石、重晶石等浅色矿物，则被称为“白烟囱”。

“烟囱”体是海底热液喷溢过程中，矿物质不断结晶、析出并在周围沉淀、堆积加高而形成的，它是热液活动的产物，本身就是热液矿。“烟囱”高低粗细不等，一般高数米至几十米，直径几十厘米至数米。热液沿“烟囱”中心通道持续喷溢，矿物质沉淀物在内壁越聚越多，最终会把烟囱通道堵塞，热液不再喷涌，就成为“死烟囱”。天长日久，“死烟囱”便会崩塌。块状多金属硫化物矿除“烟囱”体外，还有不规则小丘状和锥形体等成群出现，它们所含金属矿物元素种类和含量虽有差异，但均是具有重大经济价值的，特别是“黑烟囱”类块状多金属硫化物，除含有大量铜、锌、铁、锰、钴、镍外，还富含金、银、铂等贵金属，因而也被称为“海底金库”。

海底热液活动不仅生成了（或正在形成）丰富的多金属热液矿，而且在热液活动区往往发育有大量不靠太阳能而依赖热液营生的自养型耐高压的深海底生物群落，对于探索生命起源有重要意义。有人惊呼“地球生命起源于‘黑烟囱’”，这也许并不夸张。

新的希望——可燃冰

可燃冰是一种被称为天然气水合物的新型矿物。

天然气水合物是甲烷、乙烯等可燃气体与水在低温（0℃～10℃）高压（50个大气压以上）条件下形成的像冰一样的、保存在海底沉积物中的固态物质，俗称可燃冰。这是一种未来的全新洁净能源，它的形成与海底石油的形成过程相仿，而且密切相关。埋于海底地层深处的大量有机质在缺氧环境中，厌氧性细菌把有机质分解，生成大量甲烷、乙烯等可燃气体，这些气体和沉积物中的水混合，如果压力和温度条件合适，就会生成可燃冰。海底数百米以下的沉积层内的温度和压力条件能使可燃冰处于稳定的固体状态。

↓可燃冰的勘探与开发

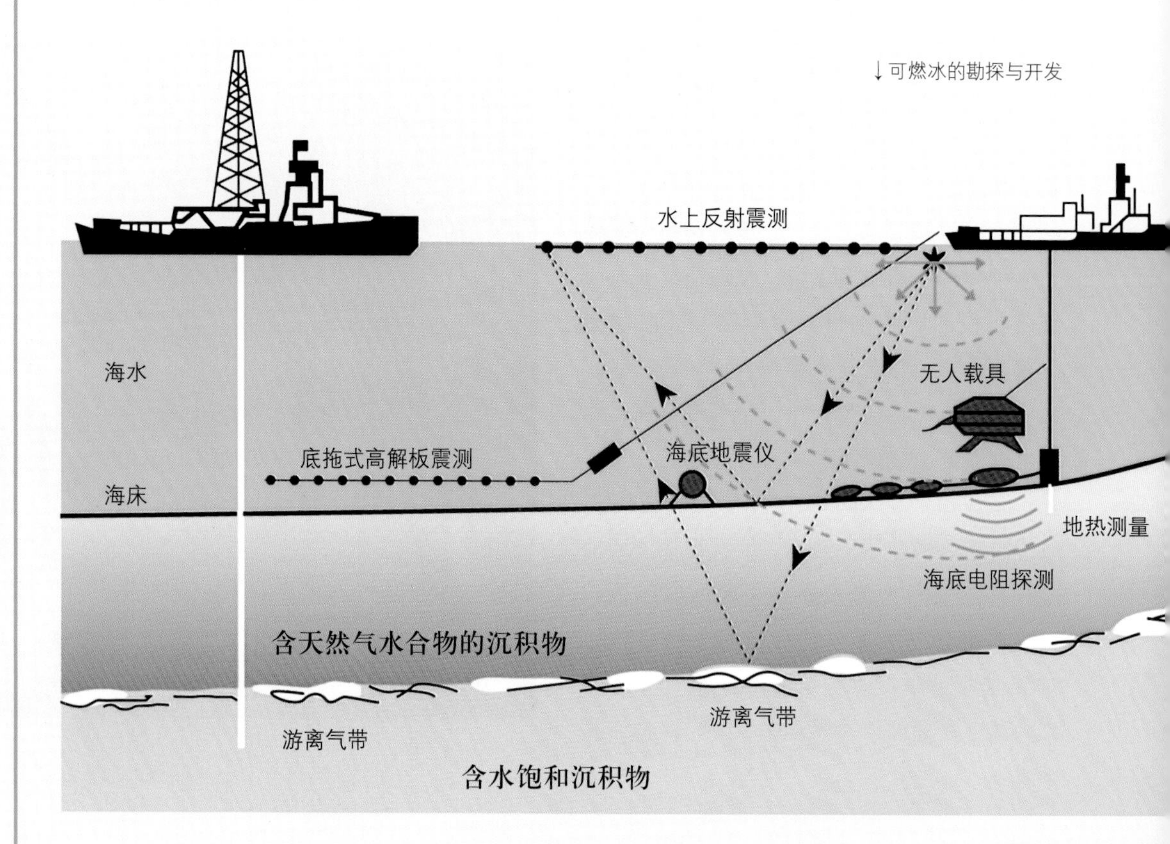

在20世纪，日本、苏联、美国均已发现大面积的可燃冰分布区。中国也在南海发现了可燃冰。据调查测算，中国南海的可燃冰资源量达700亿吨油当量，约相当于中国目前陆上油气资源总量的1/2。据统计，全球海底可燃冰分布的范围为4 000万平方千米左右，约相当于海洋总面积的10%，是迄今为止海底最具开发远景的矿产资源之一。目前，可燃冰的开发技术问题还没有解决，一旦获得技术上的突破，可燃冰将加入世界能源的行列。

由于冻结作用，天然气水合物的体积大大缩小而被戏称为可燃冰，如果充分分解，1立方米的可燃冰可释放出150～180立方米的天然气。在能源日趋紧张的今天，可燃冰将燃烧自己，点亮人类未来能源的希望。

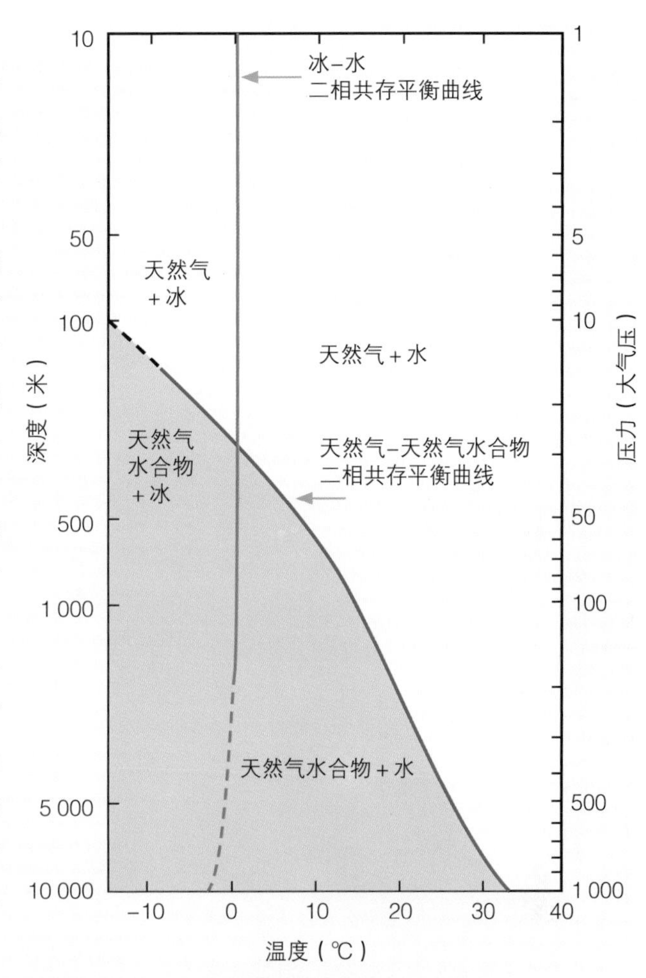

↑天然气水合物的相平衡示意图

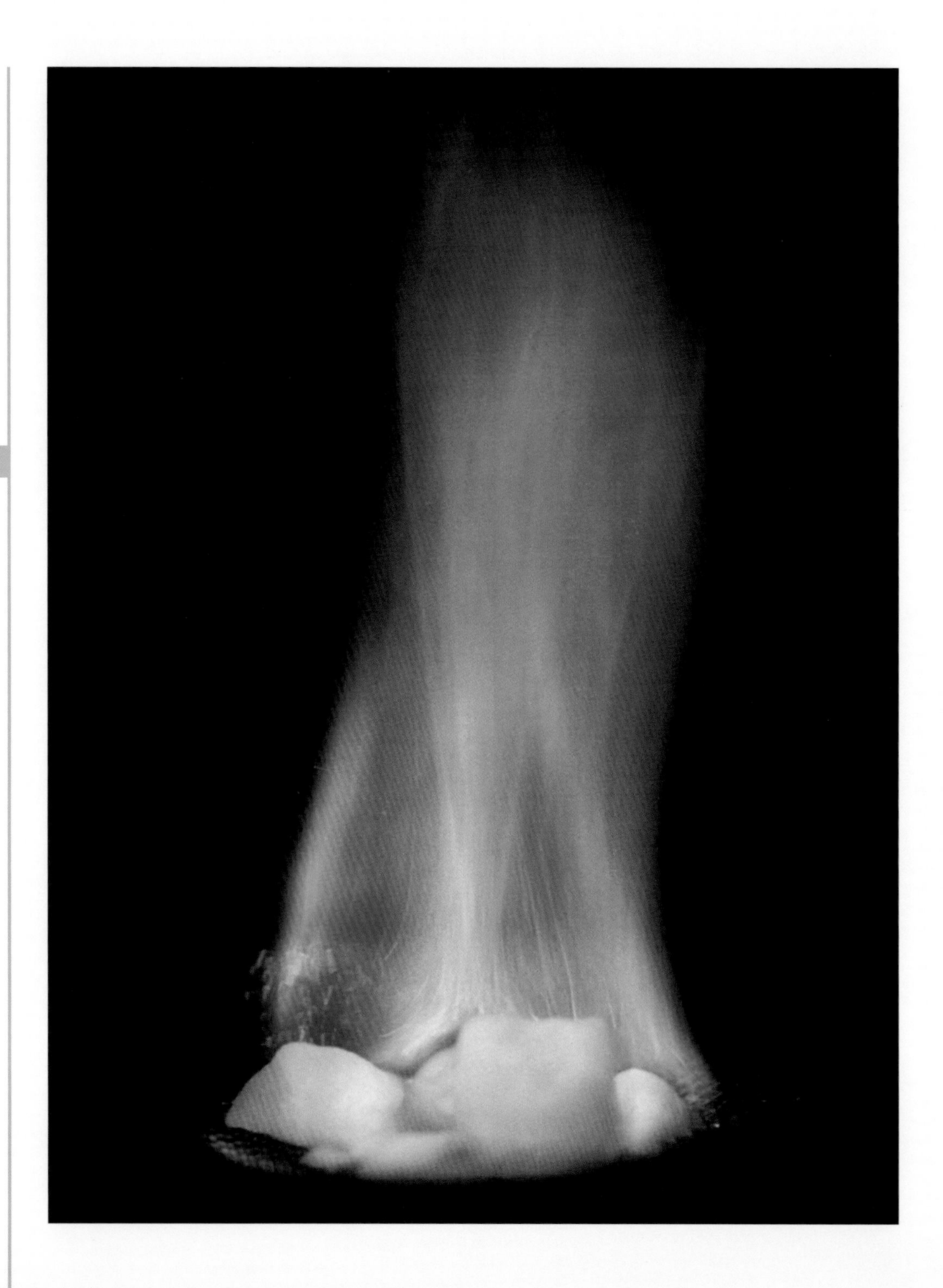

海底科考

Deep-Sea Expeditions

面对幽深神秘的大海，人类的祖先敬畏膜拜；对于波涛汹涌的海面下的神秘世界，更是充满好奇与向往。因此，一代又一代学者和探险家们对海底的探索从未停止；随着科技的发展，海底的神秘面纱正缓缓揭开，那辽阔而富饶的世界将逐渐清晰地展示在我们面前。

海底形貌测绘

海底形貌测绘是利用声学测深装置，加上高精度定位系统的配合，测绘出反映海底形态特征的地形图。人类对海底探测一直有着浓厚的兴趣，20世纪20年代以来，测绘技术有了突飞猛进的发展。

回声测深

海洋并非“深不可测”

人们常用“暗不见底”、“深不可测”来形容大海，海的幽深让人看不清摸不透。而今，人们将科学技术应用于海洋测深，大海虽暗却已不再“不见底”，虽“深”却已不再“不可测”。

“探测”之声

有着五千年文明的泱泱中华是最早测绘海底的国家。宋元之际，中国沿海渔民就学会用长绳系铅锤的方法测量海深。郑和下西洋期间，更是对途径海域的海底地形做了详细测绘，取得令世人瞩目的成就。

英文里面“sound”是“声音”的意思，可是作动词时却有“探测”的含义，看来声音与探测注定有一段奇缘。

20世纪20年代以来，锤测杆测等原始方法逐步被回声测深仪取代，这项发明将测深技术推向新的高峰。

还记得蝙蝠的回声定位本领么？蝙蝠通过口腔把从喉部产生的超声波发射出去，利用折回的声波来判定方向、寻找猎物。因此，蝙蝠能在黑暗中以极快的速度飞行，从不担心会与前方的物体相撞。

回声探测也是同样的道理。它根据声波在水中可以以一定的速度直线传播，并能

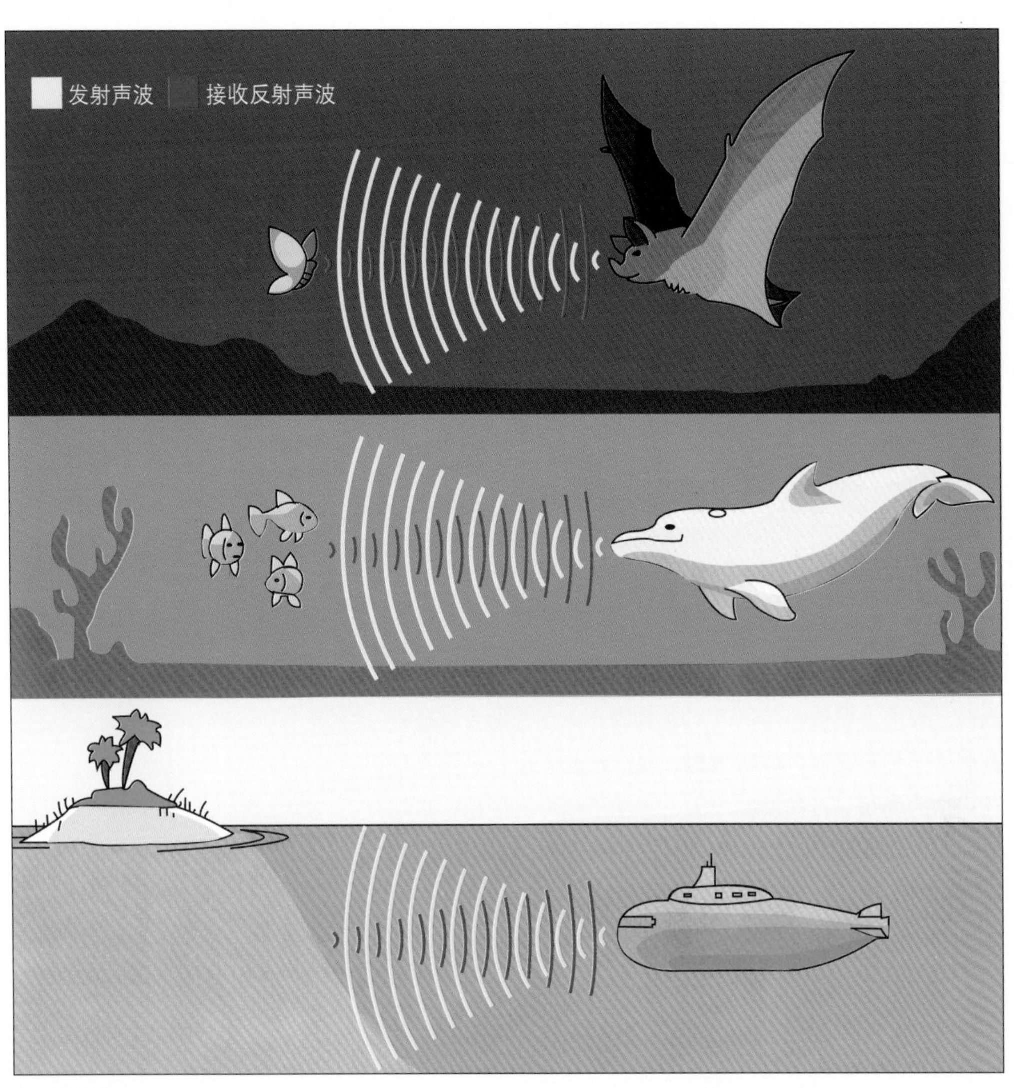

↑回声探测原理

由海底反射回来的特性，通过计算声脉冲由海面至海底往返所需要时间来求得水深。这种方法能在声学记录纸上直接显示测线上连续起伏变化的海底地形剖面，从而使得水深测量由点扩展到线；在航迹定位图上，用插值法标上经过潮位校正后得到的精确水深数据，连接到等值点，便可以从线扩展到面，得到标注水深及地形特征的海底地形图。

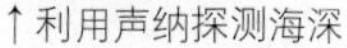

↑利用声纳探测海深

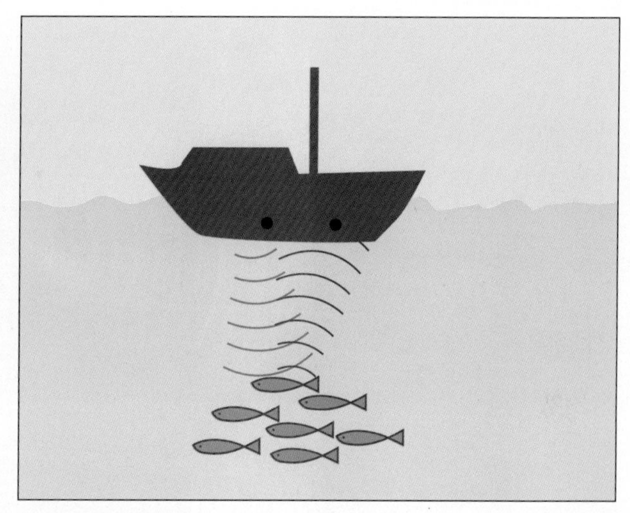

↑利用声纳探测鱼群

声　纳

声纳是利用水中声波对水下目标进行探测、定位和通信的一种电子设备。1906年，英国海军的李维斯·理察森发明了一种被动式的聆听装置，用于侦测冰山，这便是现代声纳的鼻祖。百年后的今天，声纳已被广泛应用，水下监视、鱼群探测、海洋石油勘探、船舶导航、水下作业、海底地质地貌的勘测等处处皆有声纳的影子。

多波束测深系统

说到多波束测深系统，它可以算是回声测深仪的孪生兄弟。这是一种可以同时测量出海底一个条带内数十个水深值的测深系统，它同样是利用回声测深的原理。

多波束测深系统一次测量能给出与航行方向垂直的垂面内几十个甚至上百个海底被测点的水深值，或者一条水深条带，能准确、快速地测出沿航线一定宽度内水下目标的大小、形状和高低变化，从而精细地描绘出海底地形地貌的细节特征。

移动的海底

大家都知道海底是无法移动的，可是科学家在一次探测过程中竟意外发现海底在上下移动！这着实令人困惑。不久谜底揭开了——原来，海洋中层有大批鱼类聚集在一起，形成一堵生物墙，正是这堵墙将声波反射回来。

↑多波束测深系统

这种测深系统的测量速度快、精度高，并采用记录数字化和瞬时自动测绘技术，把测深技术由点、线扩展到面，从而进一步发展到自动绘制海底三维立体地形图。

旁侧扫描声纳系统

旁侧扫描声纳系统又叫海底地貌仪，是利用声纳系统对海底表面形态进行扫描探测的测深系统。扫描声纳是利用高频声波在海底反射的原理来探测海底地貌和沉积结构，可以像水下摄影一样呈现海底几乎所有表面形貌特征。

自20世纪60年代第一台扫描声纳问世以来，人类陆续研制出数字式中程长程和全方位变焦扇形等旁扫声纳系统。

海底地层声学探测

地层剖面仪是这种探测方式的主要设备。

地层剖面仪可以提供调查船正下方的垂直剖面信息，它发射的声波对海底有一定的穿透深度，能准确反映出海底之下不同深度的地层结构和构造特征。

通过地层剖面仪系统，地层厚度、层理结构及地层中异常的埋藏体（如断层、埋藏古河道等）均可以被清晰地呈现。

海洋地球物理探测

海洋地球物理探测是利用各种物理探测仪器获得海底之下地层结构、岩石性质以及地质构造等信息的重要手段，常用的测量方法有海洋地震勘探、海洋地震观测、海洋地磁、海洋重力和海洋热流测量等。

海洋地震勘探是利用人工地震获取海底岩层及构造信息的最主要的技术方法。

巧用地震波——地震勘探原理

2011年3月，日本地震造成巨大财产损失和人员伤亡，也牵动着世界各地人们的心。可是地震除了是毁灭者，还可以在人类的引导下成为发现者。

地震勘探的奥妙就在于地震波。在地表以人工方法激发地震波，在向地下传播时，遇有介质性质不同的岩层分界面，地震波将发生反射与折射，在地表或井中用检波器接收这种地震波，收到的地震波信号与震源特性、检波点的位置、地震波经过的地下岩层的性质和结构有关。通过对地震波记录进行处理，可以推断地下岩层的性质和形态。

海洋地震勘探仪器由震源和接收系统两大部分组成。早期的地震勘探多用炸药作为震源，由于它具有危害海洋生物等弊端，已经很少使用，现在主要用非炸药震源——气枪和电火花，接收系统主要由接收器、放大器和记录仪组成。

↓地震勘探原理

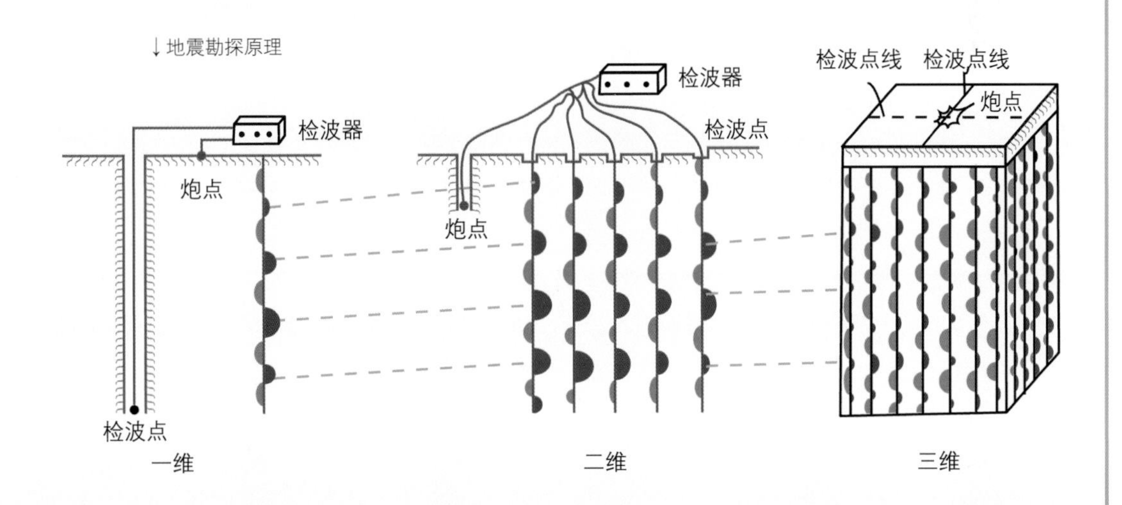

↑地震勘探仪

地震勘探双子星——反射法与折射法

地震勘探法包括反射法、折射法，它们可是“水陆两栖”——在陆地和海洋均可应用。

海洋地震勘探多采用反射法。反射法是利用反射波的波形记录的地震勘探方法。地震波在其传播过程中遇到介质性质不同的岩层界面时，一部分能量被反射。反射波的到达时间与反射面的深度有关，据此可查明地层埋藏深度及其起伏。随着检波点至震源距离的增大，同一界面的反射波走时按双曲线关系变化，据此可确定反射面以上介质的平均速度。反射波振幅与反射系数有关，据此可推算地下波阻抗的变化，进而对地层岩性作出预测。通常海洋多道接收反射法用于研究浅海海洋地壳结构，尤其是沉积盆地的构造。

折射法是利用折射波进行勘探的方法。地层的地震波速度如果大于上面覆盖层的波速，则二者的界面可形成折射面。以临界角入射的波沿界面“滑行”，沿该折射面滑行的波离开界面又回到原介质或地面，这种波称为折射波。折射波的到达时间与折射面的深度有关，折射波的时距曲线接近于直线，其斜率决定于折射层的波速。近年来，科学家通过折射法取得了海洋地壳、洋脊、海沟和岛弧等地带的详细结构和速度分布，为板块构造研究提供了重要的深海背景资料。

海底地震观测

2011年2月22日，新西兰6.3级强烈地震造成200多人伤亡。3月11日，日本东北部海域发生9.0级地震，造成了巨大的财产损失和人员伤亡。一次次惨痛的教训提醒人们海洋地震观测与预报的重要性。

在海底设置地震仪或地震观测网观测天然地震，是海底地震研究和地震预报的基本手段。

观测海底天然地震活动的地震仪一般具有小型坚固、耗电量小、完全自动并能长期记录的特别设计技术。它一般由地震振动记录装置和记录再生装置两大部分构成。目前所使用的地震仪主要有锚定浮标式海底地震仪、自由下落和自浮式海底地震仪、电缆式海底地震仪及深海钻孔地震观测系统。

相信这一个个“定海神针”会对人类避免地震伤亡、减少经济损失起到更大作用。

底质采样

海洋沉积物的调查研究

海洋沉积物是指在海底沉淀、堆积的各种物质的总称，包括被流水、风等外力携带到海洋的陆源碎屑物质，海洋生物作用与化学作用形成并堆积到海底的物质，火山作用和热液活动等带来的来自地球内部并沉积到海底的物质，此外还有来自宇宙的宇宙尘等。

海洋沉积物的调查研究始于1872~1876年英国“挑战者”号的环球海洋考察，第二次世界大战后获得长足发展。20世纪70年代以后，国际合作研究的广泛、深入开展，使海洋沉积的研究与其他相关学科相结合，派生出一系列分支学科，如沉积动力学、海洋沉积地球化学、海洋沉积生物化学、古海洋沉积与古环境演变、海洋沉积矿物学等，它们构成了博大精深的现代海洋沉积研究体系。

中国的海洋沉积研究是从20世纪50年代末的海洋调查起步的，从开始就走上了将海洋沉积物的时间分布和空间分布与海洋环境演变相结合的研究路子，逐渐形成了沉积–古环境研究的独特方向，建立了中国陆架海的沉积模式，划分了中国陆缘海沉积类型和沉积区。在河口三角洲沉积体系、沉积动力学、古海洋沉积与古环境演变等方面也取得了丰硕成果。

↑抓斗型沉积物采样

宇宙尘

宇宙尘是以小颗粒形式存在于恒星之间的物质，产生于短周期彗星瓦解时。宇宙尘保存其原有宇宙信息，是研究太阳系化学组成和推测太阳系起源的理想样品。因此，尘粒的收集一直为人们所重视。

深海探测技术的发展，将宇宙尘的搜集途径引向海洋，如深海沉积物、多金属结核、沉积物、固结岩石等。

海洋钻探

深海钻探计划

深海钻探计划（DSDP）的历史始于“莫霍面钻探计划”，目标是钻透洋壳和莫霍面来获取地球的上地幔样品。“计划不如变化快”，莫霍面计划由于实施步骤和经费等原因而中止。当时“CUSSI”号海洋船在瓜德鲁普岛附近成功地从3 700米深的海底取上了183份深海沉积物和熔岩样品，于是科学口号变为“不要莫霍面，而要更多的钻孔”。

1964年，由美国斯克里普斯海洋研究所等五个单位联合发起组成“地球深层取样联合海洋机构”（JOIDES），并提出了深海钻探计划，1965年在美国东海岸的布莱克海台试钻成功。1966年6月，斯克里普斯海洋研究所从美国科学基金会接受任务，筹备开展一项以浅层取样为目的的深海钻探计划，技术上受JOIDES指导，由有动力定位设备的“格洛玛·挑战者”号钻探船负责钻探。

96次出航

1968年8月，“格洛玛·挑战者”号首航墨西哥湾，深海钻探计划正式开始。它用5年半的时间完成了三期钻探计划。由于该计划执行以后取得了显著成果，因而苏联、联邦德国、

“格洛玛·挑战者”号

这是一艘性能优异，技术设备先进的深海钻探船，长121米，宽19米，排水量10 500吨，设计最大工作水深6 096米，设计最大钻探深度7 615米。它于1968年3月下水，8月正式执行“深海钻探计划”，为这项伟大计划的执行作出了巨大的贡献。

法国、英国、日本等国相继加入JOIDES，深海钻探计划进入国际合作的新时代，即大洋钻探国际协作阶段（IPOD），又称“国际大洋钻探计划”。IPOD是深海钻探计划的第四阶段，它继续延用DSDP的航次和编号，1975年12月第45航次开始了国际大洋钻探计划的钻探活动，重点研究洋壳的组成、结构和演化。

从1968年8月11日开始至1983年11月计划结束，“格洛玛·挑战者”号完成了96个航次，钻探站位624个，实际钻井逾千口，航程超过 60万千米，回收岩心 9.5万多米；除冰雪覆盖的北冰洋以外，钻井遍及世界其他大洋；深海钻探的原始资料与成果按每个航次一卷汇编成《深海钻探计划初步报告》，至1985年已出版80余卷。

成 果

深海钻探取得的大批资料弥补了近代地质学在深海地质方面的空白，极大地推动了海洋地质学的发展，对近代地质理论和实践作出了卓越的贡献，主要成果有以下几方面。

验证了海底扩张和板块构造说。20世纪60年代初中期，海底扩张说和板块构造说先后问世，许多地质学家疑信参半。深海钻探计划开始实施恰与这些新思想的出现同时。因此，验证这些思想就成为该计划的首要任务。

为古海洋学的建立奠定了基础。深海钻探取得了各大洋海底沉积物的完整剖面，其中的微体化石和超微化石为年代学和古海洋生态环境的研究提供了依据。深海沉积物的性质取决于多种因素，其中最重要的是碳酸盐补偿深度的变化。正是这些沉积记录，揭示了近2亿年的古海洋的演变史。

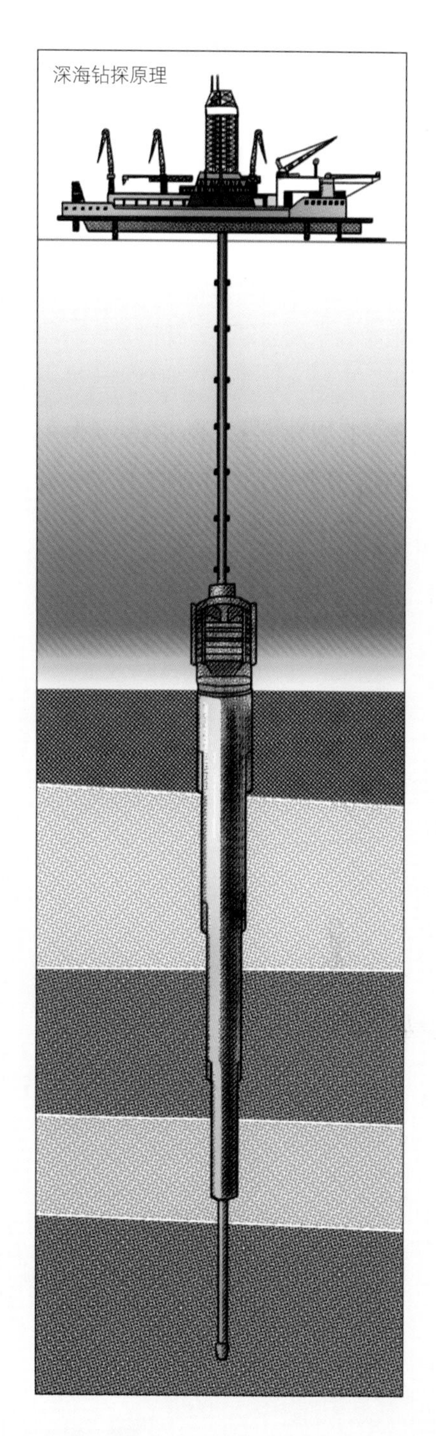
深海钻探原理

深海钻探计划在全球性地层对比、成岩作用、地震火山形成机理、深海钻探技术以及海底矿产资源等方面，也有新发现、新进展。该计划还为多金属结核和多金属软泥“验明正身”，证明它们有很高的经济价值。

人类认识地球史上最雄伟的计划——国际综合大洋钻探计划（IODP）

国际综合大洋钻探计划由1985年至2003年实施的国际大洋钻探计划发展而来,是20世纪地球科学规划最大、历时最久的国际合作研究计划。国际综合大洋钻探计划以“地球系统科学”思想为指导，计划打穿大洋壳，揭示地震机理，探明深海生物圈，为国际学术界构筑起地球科学研究的平台，同时为深海新资源勘探开发、环境预测和防震减灾等服务。

1998年4月，中国正式加入大洋钻探计划。1999年，以汪品先院士为首的中国科学家成功实施了在中国南海的第一次深海科学钻探，这是第一次由中国科学家设计和主持的大洋钻探，标志着伟大祖国向着海洋强国又迈进了一大步。

日本“地球”号深海钻探船

海底油气勘探

我们经常会在电视上看到海上“钢铁巨人”高举浓烟滚滚火把的壮观场面。这位“钢铁巨人”就是海上钻井平台。

这种用于钻探的海上平台状结构物上装备有钻井、动力、通讯、导航等设备，以及安全救生和人员生活设施，是海上油气勘探开发不可缺少的手段。

海上钻井平台主要分为自升式和半潜式两种。

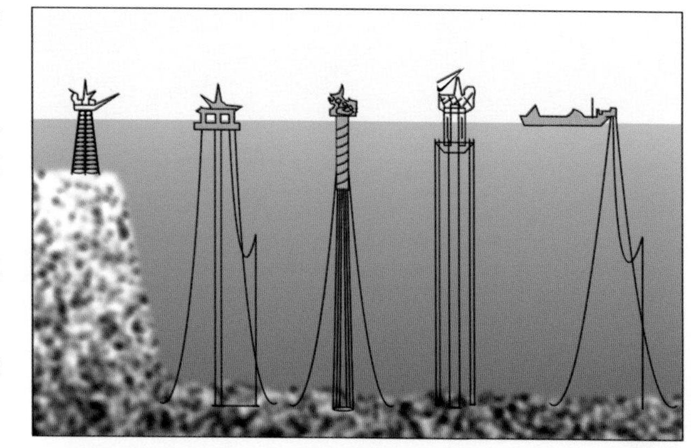
↑各种钻井平台示意图

自升式钻井平台对水深适应性强，工作稳定性良好，发展较快，约占移动式钻井装置总数的一半。工作时桩腿下放，插入海底，平台被抬起到离开海面的安全工作高度，并对桩腿进行预压，以保证平台遇到风暴时不致下陷。

半潜式钻井平台上部为工作甲板，下部为两个下船体，用支撑立柱连接，工作时下船体潜入水中。半潜式钻井平台与自升式相比，优点是工作水深大，移动灵活；缺点是需有一套复杂的水下器具，投资大，维持费用高，有效使用率也低于自升式钻井平台。

中国钻探技术的发展

1963年，中国钻井先驱们用传统方法制造了中国第一座浮筒式钻井平台，于莺歌海打了三口井。这是中国最早使用平台在海上打井。

3年后，渤海建立了第一座正式海上平台，1966年12月31日，渤海第一口探井开钻并于次年6月14日喜获工业油流，从此揭开了中国海洋石油勘探开发的序幕。

到1994年，我国已打海洋探井363口，发现油气构造88个，获得石油地质储量11.88亿吨、天然气地质储量1 800亿立方米，年产量达到了647万吨。

目前中国海洋年产油量2 500万吨，年产气量约50亿立方米。同时中国海洋油气储量也很丰富，仅大陆架473万平方千米的海域中，石油地质储量就约250亿吨，天然气地质储量80 000亿立方米。如果再考虑整个大陆边缘，其发展前景更不可限量。

海上钻井平台

潜　水

历史上的潜水

可以说，自人类诞生以来，神游海底的想法便充斥脑中。早在2 800年前，阿兹里亚帝国的军队用羊皮袋充气，由水中攻击敌军，这也许是人类最早的潜水了。中国古代史书《魏志・倭人传》中，描述了1 700年前渔夫潜水捕鱼的场面。现代职业潜水的前身，则要算160年前英国的郭蒙贝西发明的从水上接泵运送空气的机械潜水，也就是头盔式潜水。1924年开始使用玻璃做潜水镜，并利用从水面上吸取空气的“面罩式潜水器”，这是水肺潜水器材的前身。就在这年日本人使用面罩式潜水器潜入地中海水深70米的海底，成功捞起沉船“八阪”号内的金块，震惊了世界。第二次世界大战期间，一种特殊军用的“空气罩潜水器”投入使用，采用的是密闭循环式，并有空气瓶的装置。战争末期，法国开发了开放式“空气潜水器”，1945年前后这种潜水

器在欧美非常流行。随着潜水器材的进步，如今潜水运动风靡全球，走进水中世界已不再是梦想，而是一份令人神奇的体验、一次快乐的旅行。

潜水必备

潜水员下水时穿戴和佩挂的装具分重装式和轻装式两种。重装式有头盔、输气管、通信电缆、电话、潜水衣、压铅和铅底潜水鞋等；轻装式有面罩（也有用轻便头盔）、输气管、通信电缆、电话、应急气瓶、潜水衣、腰铅、靴和脚蹼等。使用重装潜水装具在水中工作时必须脚踏水底或实物，或手抓缆索，不能悬浮工作，并且放漂（即在水下因潜水服中气体过多，失去控制而突然急速上升）的危险性大，所以重装潜水装具已逐渐被轻装式取代。

潜水分类

潜水活动可分为专业潜水和休闲潜水。专业潜水主要指水下工程、水下救捞、水下科考探险等，是专业潜水人员进行的潜水活动。而休闲潜水是指以水下观光和休闲娱乐为目的的潜水活动，其中又分为浮潜和水肺潜水（即使用气瓶和水下呼吸器进行潜水）。在海滨旅游景区所看到的绝大多数是休闲潜水中的浮潜，只需利用面镜、呼吸管和脚蹼就可以漂浮在水面，然后通过面镜观看水下景观。只要通过简单的培训，即可进行浮潜活动。水肺潜水是带着压缩空气瓶（并非很多人认为的是使用氧气瓶），利用水下呼吸器在水下进行呼吸，是真正的潜入水下的一种潜水活动。全套水肺潜水装备包括面镜、呼吸管、脚蹼、呼吸器、潜水仪表、气瓶、浮力调整背心和潜水服等。潜水员在开放水域潜水时，还会携带潜水刀、水下手电筒乃至鱼枪等必要的辅助装备。

蛙人

蛙人

蛙人可不是《X战警》中的变异人，它是指担负着水下侦察、爆破和执行特殊作战任务的两栖部队。因他们携带的装备中有形似青蛙脚形状的游泳工具，所以称之为“蛙人”。蛙人都是潜水精英，其装备可谓精良，水下呼吸器、手提式声纳、可在水上水下射击的手枪、特殊通信器材和蛙人输送器等应有尽有。

深潜技术与深潜器

1980年10月，中法两国潜水员共同创造出入深潜器饱和潜水205米的世界纪录。

——法国尼斯海湾维拉方斯锚地外205米深水下的一块字牌用中文写道

下潜！下潜！下潜！

凡尔纳在《海底两万里》中描绘了一种奇特潜水装置——“鹦鹉螺”号。它异常坚固，而且结构巧妙，能够利用海洋来提供能源，可以潜入很深的水下。而今，人类发明了深潜器，“鹦鹉螺”号变成了现实。

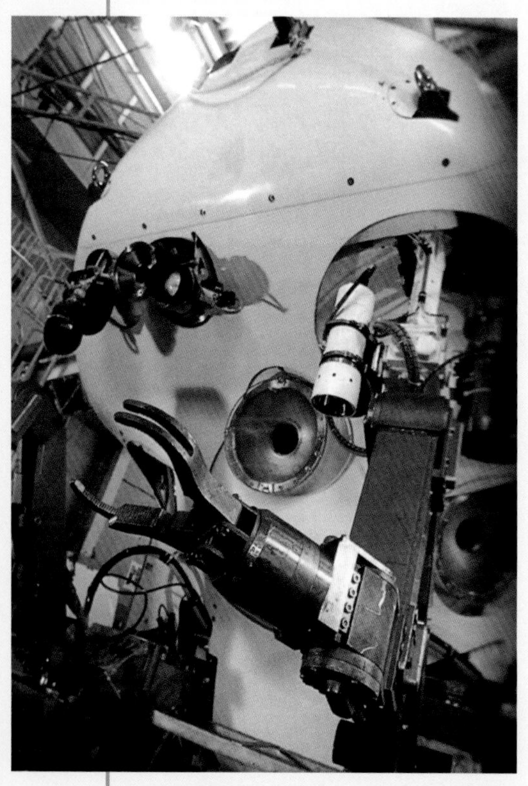

↑全副武装的深潜器

深潜器是具有水下观察和作业能力的深潜水装置。深潜器是水下活动的多面手，可以用来执行水下考察、海底勘探、海底开发、沉船打捞、水下救生、海底电缆检修、军事侦察等任务，还可以作为潜水员活动的水下作业基地。

早在1928年，美国人奥蒂斯巴顿就发明了第一艘球形深海探测装置。不久，瑞士人奥古斯特·皮卡德建造了“迪里亚斯特”号。1957年，“迪里亚斯特”号被美国海军购买。最著名的深潜器还是“阿尔文”号，于1964年专门为美国海军建造，在40多年的服役生涯中，一共有4 000多次深潜经历。20世纪70年代中后期，随着近海石油开采的迅猛发展，新一代无人遥控潜水器 ROV 使潜水器发展到了鼎盛时期。目前全世界有各种载人深潜器200多艘，有的最大作业深度竟达6 000米！

↑ “阿尔文”号

“阿尔文”号

“阿尔文”号深潜器可以说是是目前世界上最著名的深海科考工具，被称为“历史上最成功的潜艇”。人们以伍兹霍尔海洋研究所的海洋学家阿尔文的名字命名这个神奇的耐压球体。“阿尔文”号还是世界上首艘可以载人的深海潜艇。

1964年“阿尔文”号下水，开始了它充满传奇色彩的探险历程。1966年，“阿尔文”号在西班牙东海岸水下1 000多米处打捞起失落的氢弹。1968年，因故障沉没于1 600米的海底，1969年被打捞上来。1977年，重建后的“阿尔文”号在将近2 500米深处的加拉帕戈斯断裂带首次发现了海底热液及其生物群落。1979年，又在东太平洋隆的北部发现了第一个高温黑烟囱。20世纪80年代，“阿尔文”号参与了对泰坦尼克号的搜寻和考察，登上了美国《时代》周刊的封面。

一次次的海底奇遇中，“阿尔文”号也在不断完善自身，一次次刷新纪录。1972年，“阿尔文”号换上了钛金属壳体，将下潜深度提高到3 658米。1978年它下潜到4 000米的海底深处，1994年将下潜极限提到4 500米。而今，“阿尔文”号在可以在高低不平的海底地表任意移动，甚至停留在海底完成各种任务。探索还在继续，它会创造新的奇迹吗？让我们拭目以待。

世界载人深潜器知多少

目前，世界上只有美国、日本、法国、俄罗斯、中国拥有深海载人潜水器。世界上现役的载人深潜器主要有美国的“阿尔文”号、日本的“深海6500”号、法国的“鹦鹉螺”号、俄罗斯的“和平”号及“密斯特”号。

中国20世纪70年代开始大规模研发载人深潜器，作为国家载人航天工程姊妹篇的“7 000米深海载人潜水器”也将在青岛开展一系列下水深潜试验。潜水器长8米、高3.4米、宽3米，用特殊的钛合金材料制成，在7 000米的深海能承受700个大气压的压力。当今世界主要的载人深潜器最大工作深度未超过6 500米，我国的7 000米载人潜水器，可到达世界99.8%的海洋底部。这种潜水器从海面下潜至7 000米深度只需5小时，作业时可长达12小时。

2010年，中国第一台自行设计、自主集成研制的“蛟龙”号 3 000米级深海载人潜水器海试取得成功，最大下潜深度达到3 759

↑ “蛟龙”号模型

米。这标志着中国成为继美、法、俄、日之后第五个掌握3 500米以上大深度载人深潜技术的国家。“蛟龙”号深海载人潜水器在中国南海进行了3 000米级海上试验，共完成17次下潜，并成功将一面国旗插在3 759米深海底。从此，大洋深处也有了中国人的足迹。

中国深海的雄心壮志——青岛国家深潜基地

近年来，中国深海技术取得了较快发展，迫切需要建立一个平台以充分整合国内现有资源，提高重大深海技术装备的使用效率。经国务院审批，国家深潜基地正式落户青岛。

作为中国第一个深潜基地，青岛国家深潜基地已经进入正式的项目设计阶段。2010年8月30日，国家深潜基地在青岛即墨市正式征地开建。深潜基地的建设和载人潜水器的下潜是青岛、山东乃至中国海洋界具有里程碑意义的重大事件，也将成为中国继载人航天之后又一振奋民心、扬我国威的大事。青岛作为中心城市，正向着“中国深海科技城”昂首迈进。

海底空间

Deep-Sea Space

随着电影《2012》在全球的热映，末日洪水的话题再次被提起，也引发了人类对于未来生存空间的思考。面对日益拥挤、贫瘠的大陆，越来越多的人将眼光投向了广袤的海底。开发海底、利用海底空间、走向海底生活、回到生命开始的地方，或许是人类未来的一条出路。

蓝色狂想曲——海底实验室

"谁控制了海洋，谁就控制了一切。"

——古希腊海洋学家狄米斯托克利

海底居住实验室

海底居住实验室指沉放到海底可供人们居住的金属结构物，称之为"水下居住站"更加合适。水下居住站可分为固定型和移动型两种。美国海军的"陀螺"号水下居住站是固定型的典型代表。神奇的"陀螺"可沉放到水深2 000米的海底，供五人小队持续工作1个月。移动型水下居住站具有灵活机动的优点，在仪器装置方面更为先进，如使用计算机控制及机器人和机械手等，但仍处于试验阶段。

借助水下居住站人类可以采取底质样品、生物标本、水样及观察和拍摄，是研究

海底地貌、海洋沉积物及海洋生物等的先进的仪器装备。相信不久的将来，更多的人会选择水下居住站，探秘神奇的海洋世界。

1962年9月法国在地中海建造人类历史上第一个海底实验室 “海星站”。从那以后，人类对于海底实验室的构建一直没有停止。

世界上唯一的长期海底实验室——“宝瓶座”

在美国佛罗里达州拉哥礁海海底，有一个名叫“宝瓶座”的海底实验室。它是目前全世界所知唯一的一个长期海底居住地和实验室。美国国家航空航天局认为，海底的生活和太空探索一样危险而孤独，于是建造了“宝瓶座”， 利用它来进行部分太空训练。

“宝瓶座”被放置在海面下20米深处，外观好似一艘潜水艇，直径约4米，长约14米，总重量81吨。它大体可分为3个部分：海面上是为海底实验室提供电源、通信和生命保障的“生命线”；中间为实验室主体；最下面的是底座，起到停泊固定的作用。“宝瓶座”体积不大，仅可容纳6人居住。科学家主要在这里研究珊瑚、海草、鱼类等生物和水质等生态环境的变化，并记录自身在海底生活的各种生理状况。通常情况下，科学家可在实验室连续住上数星期，所需食物和工具都被装在防水的罐子里由潜水员定期送进实验室。

虽然水下生活给科学家们带来了不少生活困扰，但是，海底实验室带给他们更多的是希望。这是海洋科学家的一小步，也许是人类走向海洋的一大步。

海底城市

人类在建设海上城市的同时，又将目光投向深深的海底。20世纪60年代开始，各国科学家先后进行了各种试验计划。

“海中人”

“海中人”计划的发起者是美国富翁埃德温·林克。其设想的“海中人”计划第一步是水密电梯；第二步是水下住房；第三步是减压舱。1962年，林克的“海中人”试验展开。“海中人”居住室是一个直径1米、高3米的圆筒状潜水钟，整个密封，里面装有有关仪器。8月27日，在地中海沿岸，海面风平浪静，林克的内心却波涛汹涌，他知道自己迈出的第一步是坚实而正确的。林克亲自乘水密电梯下到了水深18米处的水下住房，在那里待了8个小时，然后回到海面。经过9个小时的减压，他的感觉良好。不久，他又一次下到水下住房，这次他在水下待了14小时，并在水下住房里用了餐，依然没有不舒服的感觉。

接着，林克挑选了当时世界上最出色的潜水员——比利时人罗伯特·斯特尼进行试验。1962年9月6日上午9时55分，斯特尼顺利地潜到水深60米处的“水下住房”里。走出住房到海底进行考察，然后再回到水下住房吃饭睡觉，在海底度过了20个小时，成为人类迎来海底之夜第一人。

“海市蜃楼”

对于海底城市，人们作出了种种设想。为了承受海底的巨大压力，海底城市将由许许多多抗压球体组成。球体好比陆地上的房子，众多的球体连接起来，构成一个居民点，众多的居民点又组成海底城的居住区。潜水器将充当海底城的大巴，长途客车的重任将由行驶在四通八达的海底隧道上的列车承担。这里有医院，有学校，有商店，有游乐园，唯一不同的是“天上”飞的不再是鸟而是自由自在的海底鱼类。那时，海底不再是鱼、虾、贝、藻的天下，它还将成为人类的乐园。

海底光缆

海底光缆并不遥远

海底光缆，似乎距离我们很遥远。那些处在深深海底的光缆，与我们的生活有多大关系呢？事实上，在它出现故障之前，很多人没有意识到它的存在。直到一场地震的发生……

2006年12月26日20时25分，中国台湾省南部海域发生7.2级海底地震，造成该海域13条国际海底光缆受损，中国至欧洲大部分地区和南亚部分地区的语音通信接通率随即明显下降；至欧洲、南亚地区的数据专线大量中断；互联网大面积拥塞、瘫痪，雅虎、MSN等国际网站无法访问，1 500万MSN用户长期无法登陆，1亿多中国网民一

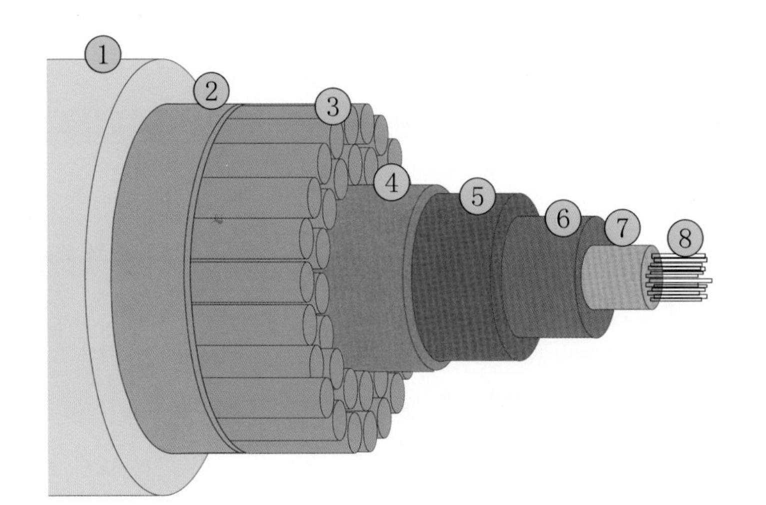

典型海底光缆结构：
①绝缘聚乙烯层
②聚酯树脂或沥青层
③钢绞线层
④铝制防水层
⑤聚碳酸酯层
⑥铜管或铝管
⑦石蜡、烷烃层
⑧光纤束

个多月无法正常上网，日本、韩国、新加坡等地网民也受到影响。5艘海底光缆维修船经过一个多月努力，才将断裂的海底光缆修复。

由此可见，人类的现代生活已经无法离开海底光缆。

海缆通信技术的变迁

海底线缆通信已有100多年历史。1850年盎格鲁-法国电报公司开始在英法之间铺设世界第一条海底电缆。1852年海底电报公司第一次用电缆将伦敦和巴黎联系起来。1866年英国在美英两国之间铺设跨大西洋海底电缆取得成功，实现了欧美大陆之间跨大西洋的电报通讯。1876年，贝尔发明电话后，海底电缆具备了新的功能，各国大规模铺设海底电缆的步伐加快了。1902年环球海底通信电缆建成。

同陆地电缆相比，海底电缆有很多优越性：一是铺设不需要挖坑道或用支架支撑，因而投资少，建设速度快；二是除了登陆地段以外，电缆大多在一定深度的海底，不受风浪等自然力的破坏和人类生产活动的干扰，所以，海底电缆安全稳定，抗干扰能力强，保密性能好。

海底光缆的特殊结构

海底光缆系统由置于海底的光中继器和光缆构成。光纤要耐受相当于几百至近千大气压的水压，耐磨耐腐蚀，耐受数千至上万伏的高电压；铺设时还要承受数吨的张力，有铠装层防止渔轮拖网、船锚及鲨鱼的伤害；光缆断裂时，要尽可能减少海水渗入光缆内的长度，能防止从外部渗透到光缆内的氢气与防止内部产生氢气，使用寿命在25年以上。除此之外，在陆地站点还要设置高压供电的电源装置和接受光信号的末端装置等。

海底隧道

为了解决横跨海峡、海湾之间的交通问题，人们在海底建造了供人员及车辆通行的海底隧道。海底隧道不占地表空间，不影响生态环境，是一种非常安全的全天候水下通道。它还具有不妨碍船舶航运的特点，这是水面运输方式无法比拟的。

条条大路通水下

当今世界最具代表性的海底隧道主要有英吉利海峡隧道、日本青函隧道和对马海峡隧道、中国厦门翔安隧道和青岛海底隧道等。2010年10月8日在首尔举行的“中韩海底隧道国际研讨会”上，中韩两国专家就连接两国海底隧道积极探讨。如果这条友谊之道建成，将两国高速铁路连接起来，届时从首尔到北京和上海只需4~5个小时，东北亚地区将形成一个巨大的经济圈。

↑“欧洲之星”高速列车

英吉利海峡隧道

世界上已建成的最宏伟、最著名的海底隧道首推英吉利海峡隧道。

隧道全长达50.5千米，其中37千米在海底，单程需35分钟，是目前世界第二长的铁路隧道，也是目前世界上海底部分最长的隧道。1994年正式对公众开放。隧道由欧洲隧道公司经营，建设耗资超过100亿英镑。 隧道地面为厚度20~25米的细泥灰岩层，不透水性好。隧道内设两个主隧道和一个辅助工作隧道。由岸上竖井风道向工作洞压送新鲜空气，所以工作洞压力比主洞高。工作洞与主洞连接通道接口处设通风百

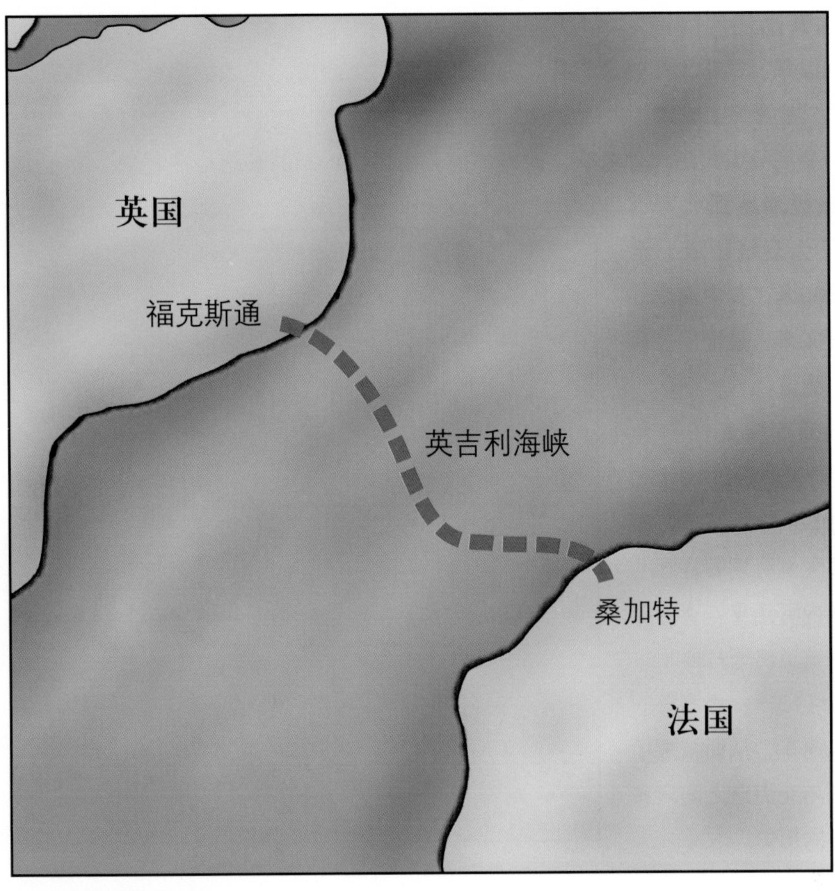

↑英吉利海峡隧道位置

叶窗。百叶窗可以防止烟雾进入工作洞。列车通过主洞时不断地将气流通过洞口带出。为防止洞内空气动力学阻力，在洞内设空气分配管。洞内及通道设三种照明系统，保持最低照明度。

“欧洲之星”高速列车是针对英吉利海底隧道设计的，其最高时速可达到300千米/小时，乘客搭乘“欧洲之星”从伦敦到达巴黎只需2.5小时。

开凿隧道是一项庞大的工程，仅挖掘机就足以让人感到惊心动魄。最大的一台全长达250米，重达1200吨，由美日联合设计。

经过10家公司6年的紧张施工，英吉利海峡隧道于1994年竣工，期间有着如此巨大的工程量，难怪有人将英吉利海峡隧道称为20世纪最伟大的工程之一。

日本青函海底隧道

长期以来，日本本州的青森与北海道的函馆隔海相望，两地的旅客往返和货运，除了飞机以外，只能靠海上轮渡，青函隧道工程应运而生。

青函海底隧道跨越津轻海峡，把日本的北海道和本州的铁路连接起来。隧道由本州的青森穿过津轻海峡到北海道的函馆，为双线隧道，全长为53 860米，其中海底部分为23 300米，是世界上最长的海底隧道。

青函海底隧道1971年4月正式动工。经过12年的施工，1983年1月27日，南起青森县今别町滨名，北至北海道知内町汤里，青函隧道的先导坑道终于打通了。1988年3月13日，青函海底隧道正式通车，从而结束了日本本州与北海道之间只靠海上运输的历史。

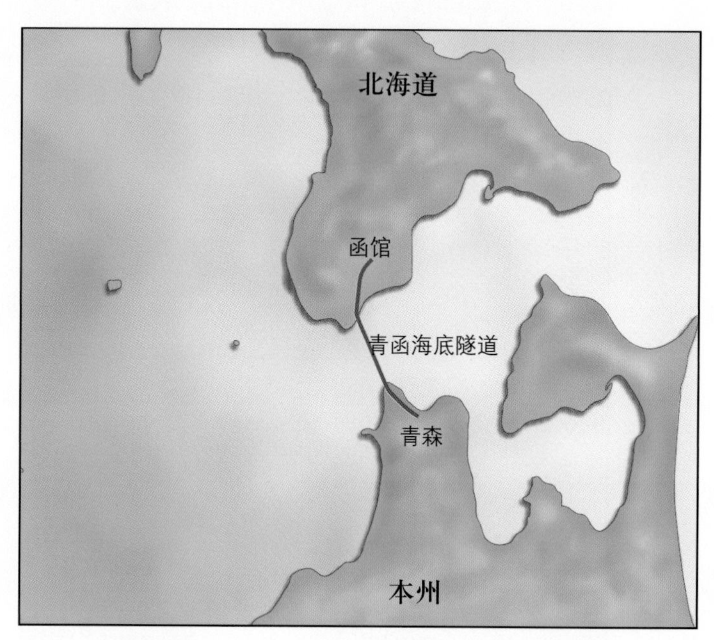

↑青函海底隧道位置

↓哆啦A梦主题列车模型

为了吸引家长带领放暑假的孩子们乘坐，东日本旅客铁路公司每年暑假在函馆至青函隧道吉冈海底车站运行段间开通与动漫相关的特别列车，2006年7月15日，以日本超人气卡通形象哆啦A梦为主题的海底列车再度开始运行。列车由6节绘有哆啦A梦动漫人物的车厢组成，车厢内也充满了动漫气息；海面下149.5米的吉冈海底站还设有“大雄房间”主题动画展，旅客在旅行的过程中可以享受更多与哆啦A梦有关的娱乐活动乐趣。

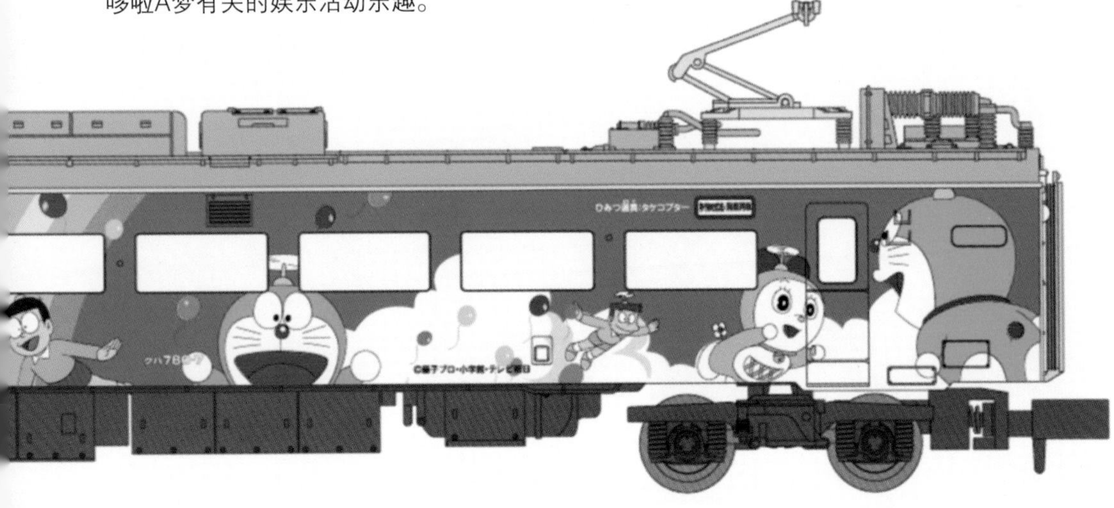

腾飞岛城——规划中的青岛海底隧道

2010年4月28日10时10分，青岛胶州湾海底隧道全线贯通，将于2011年上半年实现通车，届时青岛市民开车5分钟即可到达黄岛。青岛海底隧道是长度国内第一、世界第三的海底隧道，全长7.8千米，其中海底部分长约3.95千米。

↑青岛海底隧道效果图

大海啊，故乡

小时候 妈妈对我讲
大海就是我故乡
海边出生 海里成长
大海啊 大海
就像妈妈一样
走遍天涯海角
总在我的身旁
大海啊故乡 大海啊故乡
我的故乡 我的故乡
——经典老歌《大海啊故乡》

海洋不但是海洋生物的庇护所，而且为人类文明的进步发挥着重要作用。

可是我们应该看到，人类对深海的认知依然有限。人类探测深海的能力还很弱，甚至低于到月球的能力。在外太空，人类可以制造抵抗失重的航天飞行器，却没有办法对付大得吓人的深海压力。然而，不少深海生物却可以怡然自得地生活在这些高压区，让人类自愧不如。

我们坚信：随着对海洋认识的深入，人类入住“龙宫”将不再是梦!

“可上九天揽月，可下五洋捉鳖。”载人飞船将人类送上月球，深潜器带人类深入海底。海底神秘，却非深不可测；海底幽深，但是富饶无比。

大海是生命的摇篮，正如科学家们预测的那样，人类必将重返海洋，走向海底。自然万物循环往复，来自大洋的生命在登上陆地四亿多年后，如今终又踏上了重返海洋的漫漫征程……

致　谢

本书在编创过程中，《旅游世界》杂志社薛俊峰、青岛乐道视觉创意设计工作室、绿脚丫插画工作室等机构和个人在资料图片方面给予了大力支持，在此表示衷心的感谢！书中参考使用的部分文字和图片，由于权源不详，无法与著作权人一一取得联系，未能及时支付稿酬，在此表示由衷的歉意。请相关著作权人与我社联系。

联 系 人：徐永成

联系电话：0086-532-82032643

E-mail: cbsbgs@ouc.edu.cn

图书在版编目（CIP）数据

探秘海底/李学伦主编．—青岛：中国海洋大学出版社，2011.5
（畅游海洋科普丛书/吴德星总主编）（2019.4重印）
ISBN 978-7-81125-668-0

Ⅰ.①探… Ⅱ.①李… Ⅲ.①海底-青年读物 ②海底-少年读物
Ⅳ.①P737.2-49

中国版本图书馆CIP数据核字（2011）第058404号

探秘海底

出 版 人	杨立敏		
出版发行	中国海洋大学出版社有限公司		
社　　址	青岛市香港东路23号		
网　　址	http://www.ouc-press.com	**邮政编码**	266071
责任编辑	王积庆　电话　0532-85901040	**电子信箱**	wangjiqing@ouc-press.com
印　　制	天津泰宇印务有限公司	**订购电话**	0532-82032573（传真）
版　　次	2011年5月第1版	**印　　次**	2019年4月第5次印刷
成品尺寸	185mm × 225mm	**印　　张**	8.75
字　　数	60千字	**定　　价**	35.00元